北京市施工图审查协会工程设计技术质量丛书

建筑工程施工图设计文件技术审查常见问题解析
——给水排水专业

北京市施工图审查协会 编著

中国建筑工业出版社

图书在版编目（CIP）数据

建筑工程施工图设计文件技术审查常见问题解析. 给水排水专业/北京市施工图审查协会编著. —北京：中国建筑工业出版社，2022.3（2023.6重印）
（北京市施工图审查协会工程设计技术质量丛书）
ISBN 978-7-112-27134-4

Ⅰ.①建… Ⅱ.①北… Ⅲ.①给排水系统—建筑制图—设计审评—北京—问题解答 Ⅳ.①TU204-44

中国版本图书馆CIP数据核字（2022）第033650号

本书主要讲述了在建筑工程施工图设计文件技术审查中，给水排水专业常见的问题，以及这些问题的解决办法。

本书是由北京市施工图审查协会编著，作者具有深厚的专业理论、扎实的施工图设计文件审查功底及丰富的审查经验。因此，本书具有较强的权威性、可靠的技术性。

全书共有五章，分别是：第一章 给水排水卫生安全及使用安全问题、第二章 消防安全问题、第三章 人防防护安全及功能问题、第四章 改造项目时要关注的问题、第五章 图纸深度及表达的问题。图书内容形式简洁、可读性强，适合广大给水排水专业的设计人员、审图人员阅读。

责任编辑：张伯熙
责任校对：张惠雯

北京市施工图审查协会工程设计技术质量丛书
建筑工程施工图设计文件技术审查常见问题解析
——给水排水专业
北京市施工图审查协会　编著

*

中国建筑工业出版社出版、发行（北京海淀三里河路9号）
各地新华书店、建筑书店经销
北京建筑工业印刷厂制版
建工社（河北）印刷有限公司印刷

*

开本：880毫米×1230毫米　1/16　印张：9¼　字数：288千字
2022年3月第一版　2023年6月第三次印刷
定价：32.00元
ISBN 978-7-112-27134-4
（38031）

版权所有　翻印必究
如有印装质量问题，可寄本社图书出版中心退换
（邮政编码 100037）

丛书编委会

主任委员：刘宗宝

委　　员：肖从真　徐　斌　张时幸　艾　凌

　　　　　　田　东　温　靖　吴彦明　张　军

本书编审委员会

编著人：马　敏　吴建华　葛　新　肖　敏
　　　　高　原　张耀东　刘志明
审查人：郭汝艳　郑克白　袁江华　龙艳萍

丛 书 前 言

"北京市施工图审查协会工程设计技术质量丛书"终于和广大读者见面了，真诚希望它能够给您带来一些帮助。如果您从事设计工作，希望能够为您增添更强的质量安全意识、更强的防范化解风险意识，为您的设计成果在质量安全保障方面提供一些参考，从而更好地规避执业风险；如果您从事审图工作，希望能够为您增加更强的责任感、更强的使命感，为您在审图工作中更好地掌握标准提供一些参考，从而更好地把控质量安全底线。

经过广泛而深入的国际调研、国内调研及试点，我国于 2000 年开始实施了施工图审查制度，20 年的实践表明，通过施工图审查实现了保障公众安全、维护公共利益的初衷，杜绝了因勘察设计原因而引起的工程安全事故，推动了建设事业的健康可持续发展。另外，施工图审查，帮助政府主管部门实现了对勘察设计企业及其从业人员的有效监管与正确引导，为工程建设项目施工监管、验收以及建档、存档提供了依据，为政府决策提供了大量的、可靠的数据与信息支撑，为政府部门上下游审批环节的无缝衔接搭建了平台。

施工图技术性审查是依据国家和地方工程建设标准，对工程施工图设计文件涉及的地基基础和主体结构、消防、人防防护、生态环境、使用等安全内容以及公共利益内容进行审查。多年来，施工图审查技术人员在工作实践中发现了大量存在于施工图设计文件中的各类问题，这些问题有普遍性的，也有个别存在的；有无意识违反的，也有受某些驱使不得不违反的；有不知情违反的，也有对标准理解不到位违反的。问题产生有设计周期紧的原因，也有个人、团队、管理以及大环境影响的原因。其中一些严重的问题如果未加控制，由其引发的工程质量安全事故可能在建设时发生，也可能在使用时发生，还可能一直隐藏着遇到灾害就会发生。北京市施工图审查协会的会员单位中设安泰（北京）工程咨询有限公司的审查专家针对以往审查过程中发现的常见问题进行了认真细致地梳理、归类、分析，并接受了兄弟会员单位的相关建议，编写完成了本套丛书，丛书初稿经过了有关专家及协会技术委员会审核。本套丛书参与人员为之付出了巨大辛苦和努力，希望广大读者能够满意并从中受益，同时也期待得到您的反馈。

北京市施工图审查协会一直致力于工程设计整体水平不断提升和审查质量保障不断强化的相关工作，组织编制技术审查要点、开展课题研究、组织或参与各类培训、组织技术专题研讨会、为政府部门和相关行业组织提供技术支持、推动数字化审图及审图优化改革、组织撰写技术书籍和文章等，希望我们的不懈努力能够得到您的认可与肯定，同时也真诚希望得到您的帮助与支持。

北京市施工图审查协会会长　刘宗宝
2020 年 6 月

前 言

本书是"北京市施工图审查协会工程设计技术质量丛书"中的《建筑工程施工图设计文件技术审查常见问题解析——给水排水专业》分册。本书记录了各位参编人员近年来在本专业的房屋建筑工程施工图文件技术审查过程中发现的常见问题，以及对这些问题产生原因和解决方案的一些思考。

书中大部分内容原为北京土木建筑学会建筑给水排水专业委员会、北京市勘察设计协会和施工图审查协会等举办的公益讲座内容，有些讲座未能提供相关的讲义，为了弥补这一遗憾，将此前的工作做了补充、充实、整理，形成本书，内容包括：给水排水卫生安全及使用安全问题、消防安全问题、人防防护安全及功能问题、改造项目时要关注的问题、图纸深度及表达的问题等。希望为设计院设计人员、审核审定人员，以及施工图审查人员提供一本有益的参考书。

书中的设计实例均取自实际工程的施工图设计文件内容，提出的问题是基于工程建设强制性标准和技术审查要点，但不限于工程建设强制性标准和技术审查要点而提出。全部选用在实际工程设计文件中发现的问题，其目的不是在挑设计毛病，我们对设计人员在工程建设中的辛勤劳动和付出充满敬意，我们希望施工图设计文件能做得更好、更完美。为此除了提出问题，也尽我们所能分析问题，并提出我们认为正确的问题解决方案。但由于我们自身认知的局限性和专业能力的限制，书中难免会出现差错，请读者和行业内专家批评指正。

对国家设计规范的理解有异议时，以规范制定部门的解释为准。案例中有不符合地方性法规的情况，按更严格的条款执行。有些案例可能存在不同的问题，因为章节内容划分的原因，仅提出并分析与所在章节内容相关的问题。本书只编制了建筑给水排水常用系统设计时违反建设标准中部分强制性和要求严格执行（规范中采用"应""不应"）的条文以及部分涉及安全条文的常见问题，对于其他系统和其他有关条文（包括其他有关规范、标准、规程等）的问题，技术人员也应引起足够的重视。

本书内容与一般教科书不同，不是按系统学科脉络编写，更着重于问题发生的点，也许不连贯，但这也是本书一个特点。本书在编写过程中得到很多业内专家和设计人员的帮助，在此表示衷心的感谢。

北京市施工图审查协会技术委员会委员、
中设安泰（北京）工程咨询有限公司副总工程师

马敏
2021年9月

目 录

第一章 给水排水卫生安全及使用安全问题 ... 1

第一节 水质及卫生安全 ... 1

- 问题 1 生活饮用水管道向消防水箱（池）补水，未按标准采取防回流污染措施 ... 1
- 问题 2 生活饮用水管道向中水回用水箱补水，未按标准采取防回流污染措施 ... 4
- 问题 3 中水、回用雨水等非生活饮用水管道与生活饮用水管道连接 ... 5
- 问题 4 生活饮用水管道接钠离子交换罐等全自动软水器时未设置防回流污染设施 ... 6
- 问题 5 生活饮用水管道上直接接消防（软管）卷盘、轻便消防水龙、接软管的冲洗水嘴等 ... 8
- 问题 6 生活饮用水管道连接含有有害健康物质等有毒有害场所或设备时，未按标准设置倒流防止设施 ... 10
- 问题 7 常高压室内消火栓系统与室外给水管网直接连接及倒流防止器设置位置有误 ... 12
- 问题 8 生活饮用水管道与大便器（槽）、小便斗（槽）直接连接 ... 14
- 问题 9 太阳能生活热水系统辅助加热的方式不能保证水质 ... 15
- 问题 10 开水器、生活水箱、空调冷凝水等未间接排水 ... 16
- 问题 11 污水泵坑未设置通气管 ... 18
- 问题 12 室内排水沟与室外污水管网直接连接，未设置水封装置 ... 19
- 问题 13 喇叭口废水管直接接污水管道 ... 20
- 问题 14 卫生间污水管道设于厨房主副食操作间、备餐间操作的上方和药房上方 ... 21

第二节 公众利益及使用安全 ... 23

- 问题 1 给水加压泵、冷却塔贴邻卧室、客房、病房等需安静的房间 ... 23
- 问题 2 人工读数热水表、供水立管阀门设置在户内 ... 26
- 问题 3 排水立管穿越卧室、起居室等 ... 27
- 问题 4 给水排水管道进入电气房间 ... 29
- 问题 5 屋面雨水斗做法不能控制积水深度 ... 31
- 问题 6 屋面雨水排水管敷设不能控制积水深度 ... 34
- 问题 7 下沉广场的雨水集水池的设置方式易造成雨水倒灌至室内 ... 36
- 问题 8 开敞下沉空间未设置雨水加压提升排放系统 ... 38

第二章 消防安全问题 ... 40

第一节 消防设施及水源 ... 40

- 问题 1 未按规范或法规要求设置消防软管卷盘或轻便消防水龙 ... 40
- 问题 2 幼儿园未按规范要求设置室内消火栓系统 ... 41
- 问题 3 宿舍未按规范要求设置室内消火栓系统 ... 42

VII

问题 4	住宅与其他功能组合建造的建筑未按规范确定消火栓设计流量、火灾延续时间	43
问题 5	利用市政消火栓应注意的问题	44
问题 6	大底盘商业建筑的消防系统设置不符合规范要求	45
问题 7	老年人照料设施室内消防设施存在的问题	48

第二节　消防系统及组件 49

问题 1	住宅楼室内消火栓系统分区、消火栓箱、消防水泵扬程、消防稳压等存在的问题	49
问题 2	自动喷水灭火系统减压阀设置位置有误	53
问题 3	消防系统减压阀组的附件设置不符合规范要求	54
问题 4	高位消防水箱出水管设置不符合规范要求	56
问题 5	各自独立的消防系统共用稳压设备	58
问题 6	消防系统流量开关设置位置有误	59
问题 7	流量开关设定值及消火栓系统水平成环不符合规范要求	60
问题 8	未按规范要求设置消防水泵接合器	62
问题 9	高大空间自动喷水灭火系统喷水强度、喷头间距、喷头流量系数未按规范要求确定	64
问题 10	仓库自动喷水灭火系统的喷头选型、喷头间距、设计流量不符合规范要求	66
问题 11	消防系统的报警阀、减压阀、自动喷水灭火系统末端的试验排水设施未按规范要求设置	68
问题 12	预作用系统未按规范要求设置排气阀、采用的喷头不符合规范要求	69
问题 13	电气房间未对设置的二氧化碳灭火器提出具体要求	70
问题 14	通信机房和电子计算机房等七氟丙烷气体灭火系统设计喷放时间有误	71
问题 15	气体灭火防护区未按规范要求设置泄压口	72

第三节　消防设施的平面布置 73

问题 1	室内消火栓、灭火器的设置不满足规范规定的保护距离要求	73
问题 2	消防电梯前室未设置消火栓	75
问题 3	消火栓、灭火器设置位置不明显，不易被取用	77
问题 4	边墙型标准覆盖面积喷头保护距离及喷头间距不符合规范要求	78
问题 5	边墙型扩大覆盖面积喷头保护房间的喷水强度不满足规范要求	79
问题 6	高层建筑内的中庭回廊自动喷水灭火系统及中庭防火分隔应注意的问题	81
问题 7	高大空间自动喷水灭火系统喷头间距有误	83
问题 8	自动喷水灭火系统未按规范要求设置水流指示器、末端试水	84
问题 9	消防水泵房排水设施问题	86
问题 10	消防电梯井底排水泵集水井设置有问题	87
问题 11	灭火器保护距离不足	90
问题 12	电加热汗蒸房、桑拿房未按规定设置消防设施	91

第四节　消防水泵房、消防水箱间大样 92

问题 1	消防水池（箱）各报警水位、有效水位的问题	92
问题 2	离心式消防水泵吸水管的布置易形成气囊	95
问题 3	消防水泵流量和压力测试装置的设置问题	96

第五节　室外消防	98
问题1　消防水池取水口设置及吸水高度不符合规范要求	98
问题2　消防水池取水口与建筑物距离不符合规范要求	100
问题3　水泵接合器位置、数量、距室外消火栓或消防水池取水口距离不符合规范要求	101
问题4　自动喷水灭火系统未按规范要求设置水泵接合器	102

第三章　人防防护安全及功能问题 104

第一节　人防防护安全 104
　问题1　与人防功能无关的管道、设施进入人防区域 104
　问题2　管道穿过人防围护结构未按规范要求设置防护措施 105

第二节　人防功能安全 108
　问题1　人防污（废）水集水池设置不符合规范要求 108
　问题2　人员掩蔽部工程战时使用水冲厕所，用水定额选取有误 110
　问题3　人防医疗救护站第一密闭区和第二密闭区的给水管道共用 112
　问题4　人防口部需冲洗部位未设置排水设施 113

第四章　改造项目时要关注的问题 114

第一节　使用安全 114
　问题1　增加设备荷载没有相关说明 114
　问题2　增加设备、改变功能带来的卫生、环保等问题 115

第二节　消防安全 117
　问题1　局部改造区域未设置室内消火栓 117
　问题2　局部改造项目未按整体建筑情况设置自动喷水灭火系统 118
　问题3　局部改造区域自动喷水灭火系统确定的火灾危险等级有误 119
　问题4　改造项目消防系统稳压设备应关注的问题 120
　问题5　消火栓布置位置应注意的问题 121
　问题6　消火栓保护范围不足 122
　问题7　移位消火栓未见其连接管道 123
　问题8　局部房间缺少自动喷水灭火系统连接管道 124

第五章　图纸深度及表达的问题 125

第一节　深度问题 125
　问题1　设计文件不全 125
　问题2　图纸中未使用现行、有效的规范和标准 126
　问题3　工程概况内容不完全 127
　问题4　缺少设计范围描述 128
　问题5　缺少可利用的市政条件、外部水源条件说明 129
　问题6　给水排水专业各系统简介缺少关键设计参数 130
　问题7　缺少设备选型，缺少卫生、安全保障相关的要求 131

第二节　图纸表达···132
　　　问题1　设置集中消防加压泵站时，各楼的消防系统应注意的问题···132
　　　问题2　设置集中给水泵站时，各楼的给水系统应注意的问题···134

相关标准、图集、文件···136

第一章　给水排水卫生安全及使用安全问题	第一节　水质及卫生安全

问题 1　生活饮用水管道向消防水箱（池）补水，未按标准采取防回流污染措施

1. 消防水箱的自来水补水管口最低点高于溢流边缘的空气间隙为 100mm，如图 1、图 2 所示。
2. 消防水池的自来水补水管进口采用消能筒，如图 3 所示。
3. 消防水箱的自来水补水管安装详国标图集 01SS105-P40，如图 4 所示。

问题描述

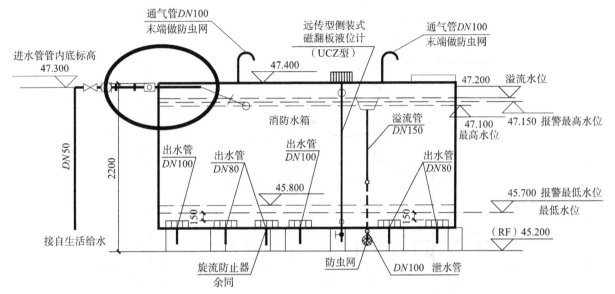

图 1　消防水箱剖面图（一）

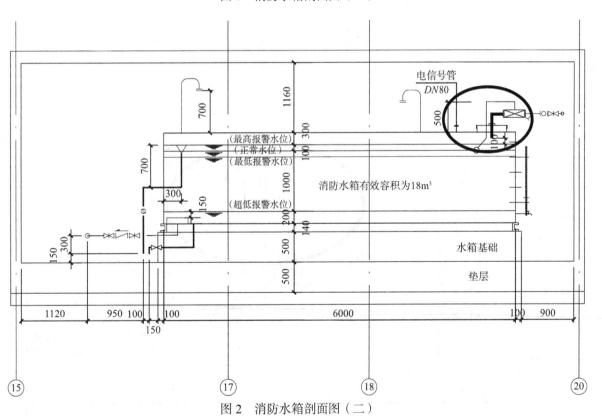

图 2　消防水箱剖面图（二）

问题描述

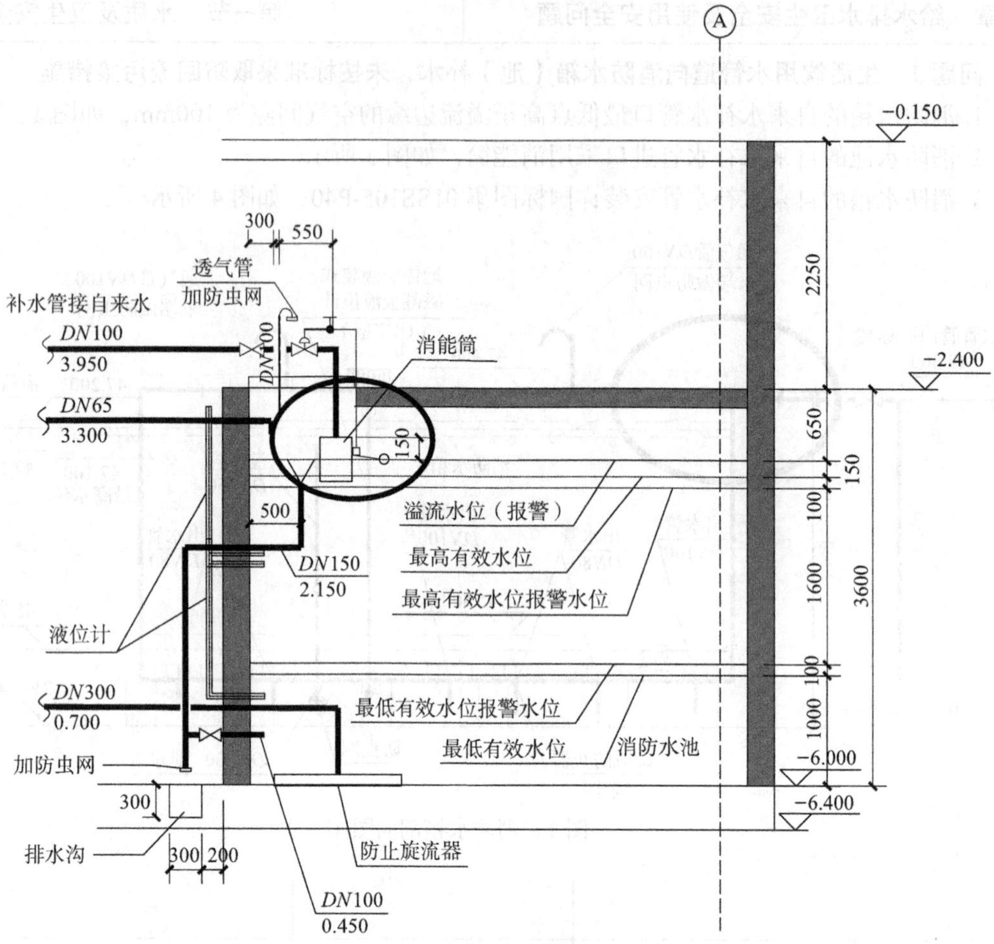

图3 消防水池剖面图局部

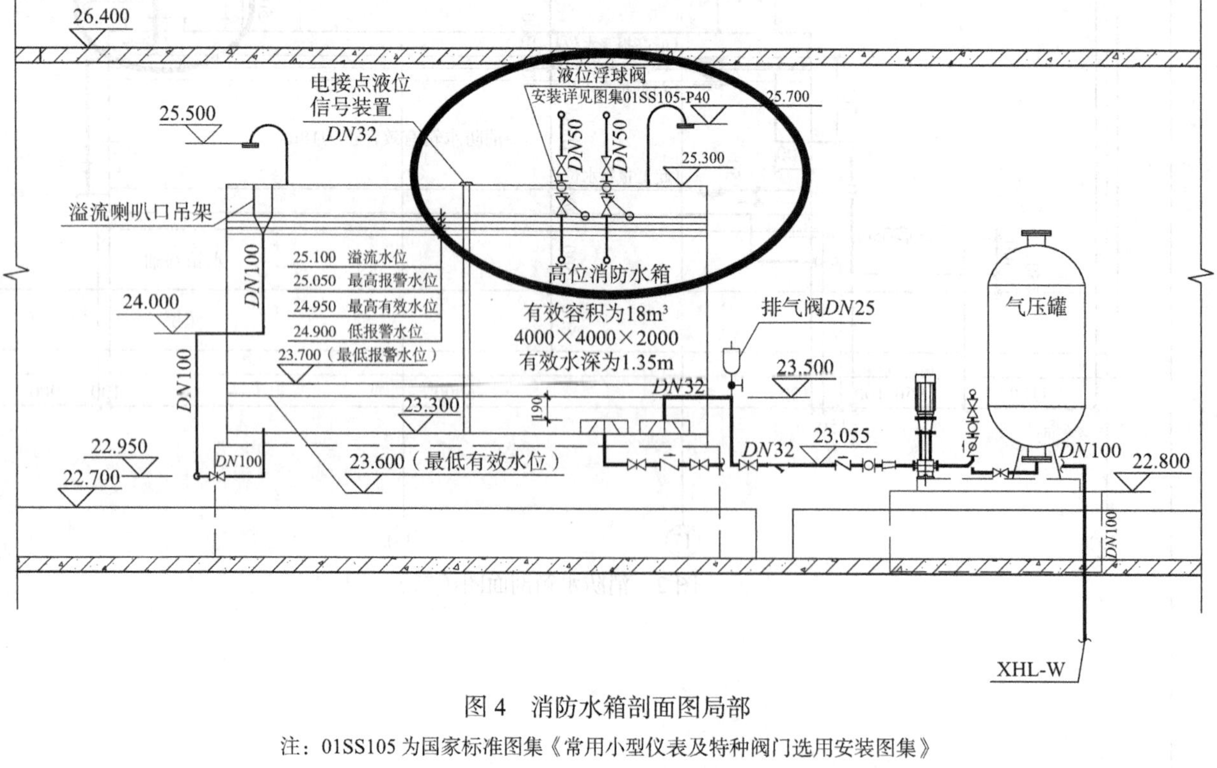

图4 消防水箱剖面图局部

注：01SS105为国家标准图集《常用小型仪表及特种阀门选用安装图集》

2

相关标准	**《建筑给水排水设计标准》** 3.3.6 从生活饮用水管网向下列水池（箱）补水时应符合下列规定： 　　1 向消防等其他非供生活饮用的贮水池（箱）补水时，其进水管口最低点高出溢流边缘的空气间隙不应小于150mm。
问题解析	1. 图1、图2中，许多设计师提出按《消防给水及消火栓系统技术规范》中第5.2.6条第6款设计，即高位消防水箱的进水管应在溢流水位以上接入，进水管口的最低点高出溢流边缘的高度应等于进水管管径，但最小不应小于100mm，最大不应大于150mm。这是消防水箱的进水管设置要求，不限定采用生活饮用水补水的情况，如采用下部消防水池的加压供水或其他非生活饮用水补水时，其进水管满足上述条文要求即可。但如果消防水箱的补水是生活饮用水，还必须满足《建筑给水排水设计标准》第3.3.6条第1款的规定，防止消防水箱进水管的回流污染。 2. 图3中自来水补水管口最低点虽高于溢流水位150mm，但设置了消能筒淹没在水中，不能保证空气间隙，易产生回流污染问题，不满足标准要求。 3. 图4中自来水补水管采用液位控制阀，安装方式如国家标准图集《常用小型仪表及特种阀门选用安装》01SS105第40页图所示。进水管道淹没在水中，虽设有虹吸破坏孔，仍不满足管口最低点高于溢流边缘150mm空气间隙的要求，这种安装方式不适用于向消防水箱补水的自来水管道。

问题描述	**问题 2　生活饮用水管道向中水回用水箱补水，未按标准采取防回流污染措施** 冷却塔采用中水补水，冷却塔补水箱同时设有 DN80 自来水补水管，空气间隙为 150mm。冷却塔补水箱剖面图如图 1 所示。 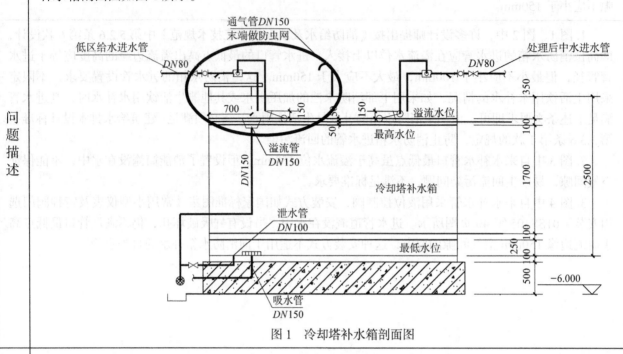 图 1　冷却塔补水箱剖面图
相关标准	**《建筑给水排水设计标准》** 3.3.6　从生活饮用水管网向下列水池（箱）补水时应符合下列规定： 　2　向中水、雨水回用水等回用水系统的贮水池（箱）补水时，其进水管口最低点高出溢流边缘的空气间隙不应小于进水管管径的 2.5 倍，且不应小于 150mm。 **《建筑中水设计标准》** 5.4.9　中水贮存池（箱）上应设自动补水管，其管径按中水最大时供水量计算确定，并应符合下列规定： 　2　补水应采取最低报警水位控制的自动补给方式。
问题解析	本案例中的冷却塔补水箱平时由处理后的中水补水，属于中水回用水箱，当中水供应不足时采用自来水补水。自来水进水管口最低点高出溢流边缘的空气间隙不仅不应小于 150mm，同时也不应小于进水管管径的 2.5 倍。同时，自来水补水不能采用正常水位处设浮球阀式的常用补水方法，应采取最低报警水位控制的自动补水方式，仅在系统缺水时补自来水。做法见《建筑中水设计标准》第 5.4.9 条的条文说明图示。

第一章 给水排水卫生安全及使用安全问题	第一节 水质及卫生安全

问题描述	**问题3　中水、回用雨水等非生活饮用水管道与生活饮用水管道连接** 自来水管接在回用雨水管道上，如图1所示。 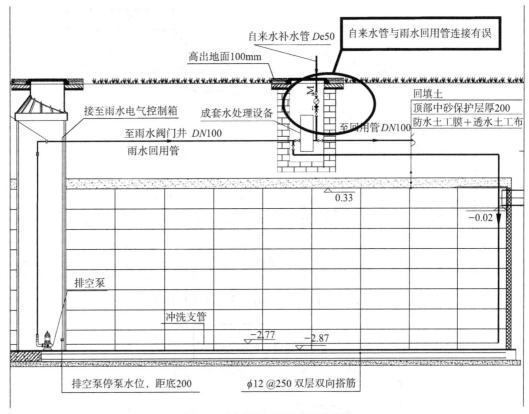 图1　雨水回用系统原理图局部
相关标准	**《建筑给水排水设计标准》** 3.1.3　中水、回用雨水等非生活饮用水管道严禁与生活饮用水管道连接。 **《民用建筑节水设计标准》** 4.1.5　景观用水水源不得采用市政自来水和地下井水。
问题解析	当采用生活饮用水作为中水、回用雨水的补充水时，严禁用管道连接，即使装设倒流防止器也不允许，而应补入中水、回用雨水贮存池内，并采取如下措施： 　　1. 按《建筑给水排水设计标准》第3.3.6条第2款，保证进水管口最低点高于溢流边缘不小于进水管管径的2.5倍，且不小于150mm的空气间隙。 　　2. 按《建筑中水设计标准》第5.4.9条第2款，采取最低报警水位控制的自动补水方式，仅在系统缺水时补生活饮用水。 　　本案例雨水回用为绿化浇洒及人工水景的补水，采用自来水补水违反《民用建筑节水设计标准》第4.1.5条规定，不得将市政自来水作为人工水景的水源。

第一章 给水排水卫生安全及使用安全问题　　第一节 水质及卫生安全

问题 4　生活饮用水管道接钠离子交换罐等全自动软水器时未设置防回流污染设施

生活饮用水管道接软化水装置入口处未设置倒流防止器，如图1～图3所示。

问题描述

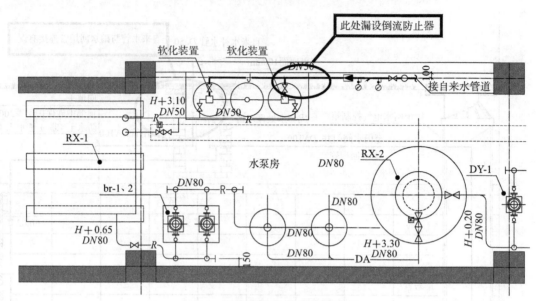

图1　锅炉房给水排水大样局部

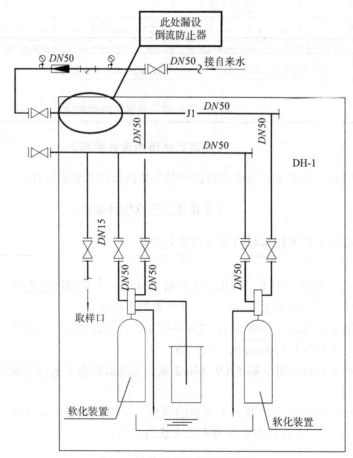

图2　换热站系统原理图局部

问题描述	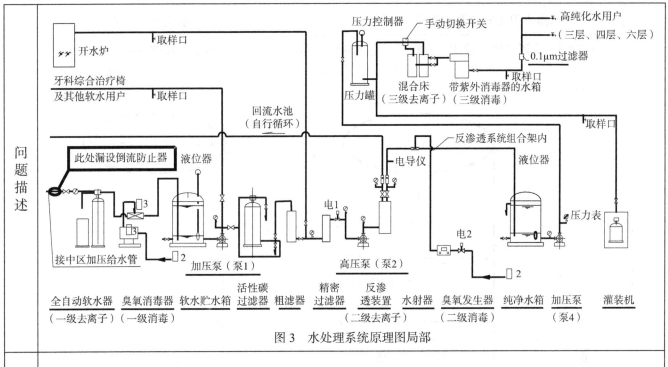
图 3 水处理系统原理图局部
相关标准	**《建筑给水排水设计标准》**

3.1.4 生活饮用水应设有防止管道内产生虹吸回流、背压回流等污染的措施。

3.3.9 生活饮用水管道系统上连接下列含有有害健康物质等有毒有害场所或设备时，必须设置倒流防止设施：
　　1 贮存池（罐）、装置、设备的连接管上。 |
| 问题解析 | 　　背压回流是由于给水系统下游的压力变化，用水端的水压高于供水端的水压而引起的回流现象。锅炉、换热站、冷冻机房等热媒水系统的定压补水为软化水，常用的全自动软水器是压力容器，其再生流程有逆流和顺流反冲洗的形式。软水器在运行过程中会产生压力波动，造成背压回流，因此，生活饮用水接入处应设置倒流防止器。注意：锅炉房、热力站、冷冻机房的生活饮用水供水管上应设置倒流防止器。 |

7

问题5　生活饮用水管道上直接接消防（软管）卷盘、轻便消防水龙、接软管的冲洗水嘴等

自来水接冷却塔补水、消防软管卷盘、垃圾间、车库冲洗，未设置防污染回流设施，给水系统如图1～图3所示。

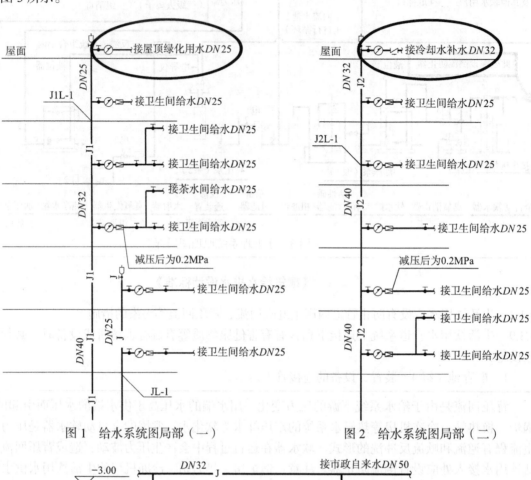

图1　给水系统图局部（一）　　　　图2　给水系统图局部（二）

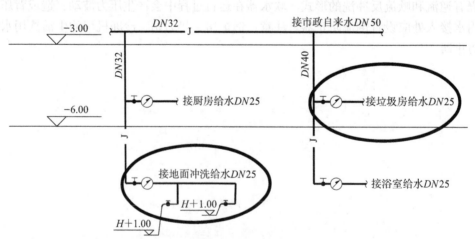

图3　给水系统图局部（三）

相关标准	**《建筑给水排水设计标准》** 3.3.10 从小区或建筑物内的生活饮用水管道上直接接出下列用水管道时，应在用水管道上设置真空破坏器等防回流污染设施： 　　1　当游泳池、水上游乐池、按摩池、水景池、循环冷却水集水池等的充水或补水管道出口与溢流水位之间应设有空气间隙，且空气间隙小于出口管径 2.5 倍时，在其充（补）水管上； 　　2　不含有化学药剂的绿地喷灌系统，当喷头为地下式或自动升降式时，在其管道起端； 　　3　消防（软管）卷盘、轻便消防水龙； 　　4　出口接软管的冲洗水嘴（阀）、补水水嘴与给水管道连接处。
问题解析	常规成品冷却塔集水盘较浅，补水管道出口与集水盘溢流水位之间的距离一般不满足标准规定的空气间隙要求。设计时应明确生活饮用水管与集水盘溢流水位间的空气间隙，如不满足 2.5 倍的管径，在补水管上应设置真空破坏器等防回流污染设施。生活饮用水给水管接绿化洒水栓、消防软管卷盘和地面冲洗管，如车库、垃圾间、隔油间、菜站等冲洗软管，存在负压虹吸回流的可能，因此应设真空破坏器或倒流防止器等防回流污染设施，以消除管道内真空度，使其断流。 　　防回流污染措施包括空气间隙、倒流防止器和真空破坏器，应按回流性质、危害程度选择，以满足《建筑给水排水设计标准》附录 A 规定。例如，生活饮用水接入有毒有害场所和设备、垃圾中转站冲洗给水栓、循环冷却水集水池、注入杀虫剂等药剂的喷灌系统，回流危害程度为高级，采用低阻力倒流防止器、大气型真空破坏器是不满足标准要求的。倒流防止器、真空破坏器的设置位置应符合《建筑给水排水设计标准》第 3.5.8 条、第 3.5.9 条的规定，真空破坏器的设置位置见国家标准图集《真空破坏器选用与安装》12S108-2 的规定。

| | 第一章 给水排水卫生安全及使用安全问题 | 第一节 水质及卫生安全 |

问题描述	**问题6** 生活饮用水管道连接含有有害健康物质等有毒有害场所或设备时，未按标准设置倒流防止设施 某机库客舱维修车间，给水分为生产用水及生活用水两部分。生产用水为清洗间用水及热压罐循环冷却水补水，生产用水供水管上设有倒流防止器，紧急淋浴器给水管接自生产用水管道，如图1所示。 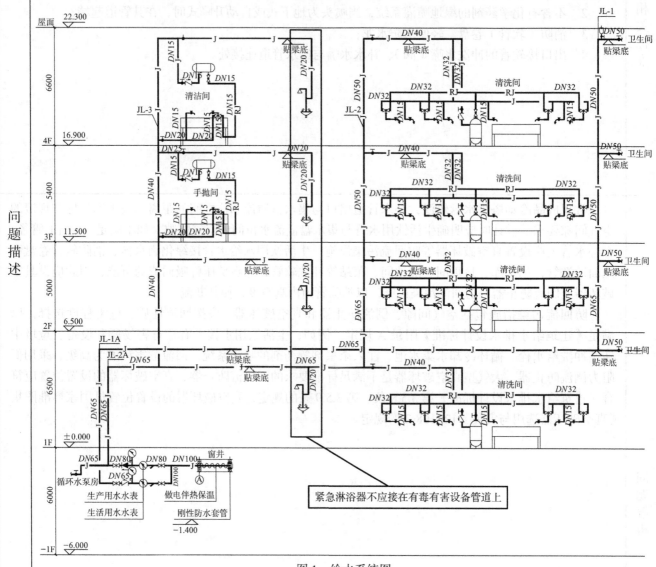 图1 给水系统图
相关标准	**《建筑给水排水设计标准》** 3.3.9 生活饮用水管道系统上连接下列含有有害健康物质等有毒有害场所或设备时，必须设置倒流防止设施： 　1　贮存池（罐）、装置、设备的连接管上。
问题解析	清洗车间用水可能连接含有清洗剂等的设备，因此设计时在生产用水的供水管道设置了倒流防止器防止含有有害健康物质的设备污染生活用水，这是正确的。但车间配备紧急淋浴器的供水水质也应符合现行国家标准《生活饮用水卫生标准》的规定，不应与车间用水连接。将图1中的错误修改后，如图2所示，可符合标准要求。

问题解析

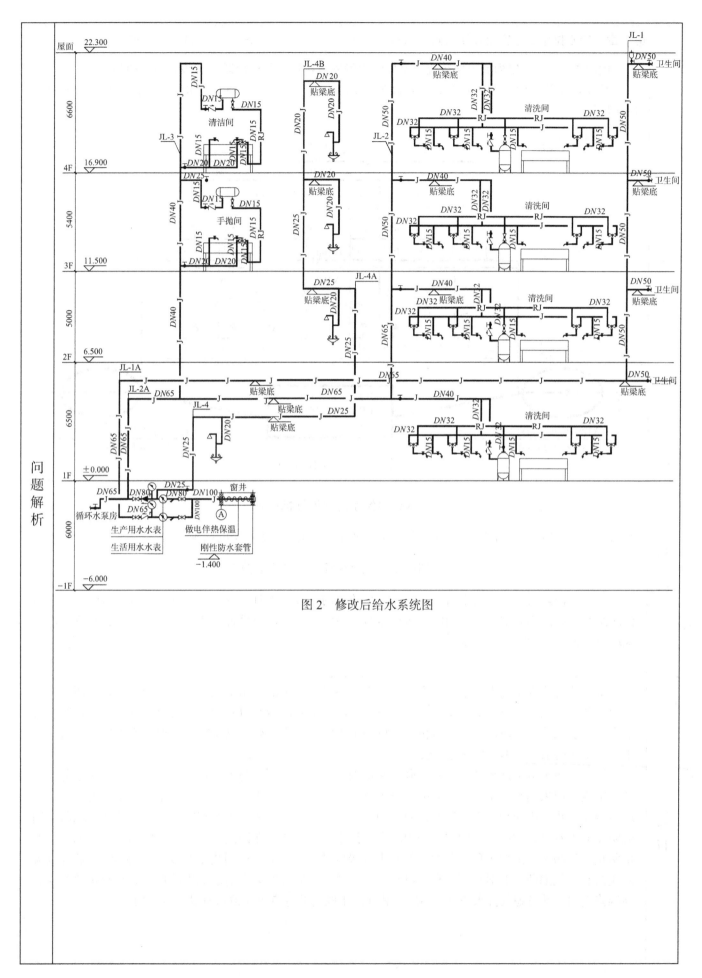

图 2 修改后给水系统图

第一章 给水排水卫生安全及使用安全问题	第一节 水质及卫生安全

问题7 常高压室内消火栓系统与室外给水管网直接连接及倒流防止器设置位置有误

问题描述

某新建发热门诊室内消火栓系统采用常高压消防给水，由室外环状给水管道直接供水，系统图如图1所示。

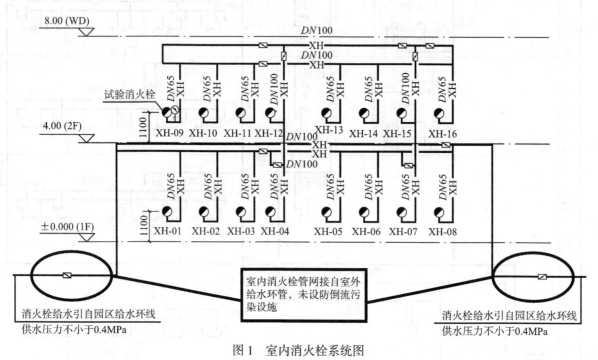

图1 室内消火栓系统图

相关标准

《建筑给水排水设计标准》

3.1.4 生活饮用水应设有防止管道内产生虹吸回流、背压回流等污染的措施。

《消防给水及消火栓系统技术规范》

8.3.5 室内消防给水系统由生活、生产给水系统管网直接供水时，应在引入管处设置倒流防止器。当消防给水系统采用有空气隔断的倒流防止器时，该倒流防止器应设置在清洁卫生的场所，其排水口应采取防止被水淹没的技术措施。

问题解析

室内消防给水系统由于平时水不流动，水质不满足《生活饮用水卫生标准》的规定，如回流至生活给水合用管网，将对生活饮用水造成污染，因此无论园区给水引入管是否设有倒流防止器，在消防给水系统引入管上均应设置倒流防止器。将图1中的错误修改后，倒流防止器设于室外地下的阀门井中，如图2所示，仍不满足规范要求。

根据《建筑给水排水设计标准》附录A的要求，生活饮用水与消火栓系统连接的回流污染危害程度为中级，应采用减压型或低阻力倒流防止器，这两种倒流防止器均应安装在室内或室外地面上。减压型倒流防止器由两个独立作用的止回阀和一个泄水阀组成，适用于所有防回流污染情况；低阻力倒流防止器由双级止回阀结构的主阀和中间自动排水装置组成，在回流时能够形成中间腔空气隔断，严格防止回流污染，适用于危害程度为低和中等级两种情况（见国标图集12S108-1第5页）。这种倒流防止器有空气隔断，有泄水阀，有开口与大气相通，因此应安装在清洁卫生的场所，且有足够的安装与维修空间，并考虑其排水条件，不应安装在地下阀门井等有可能被水淹没的场所内。

问题解析

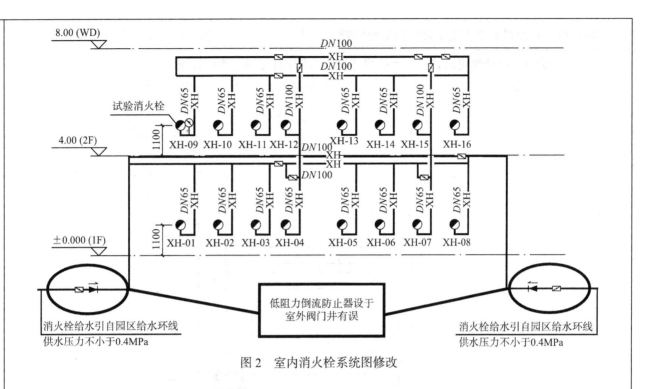

图 2 室内消火栓系统图修改

问题描述	**问题8　生活饮用水管道与大便器（槽）、小便斗（槽）直接连接** 某营房宿舍的公共卫生间，自来水给水管道连接小便槽，未采用专用冲洗阀，如图1、图2所示。 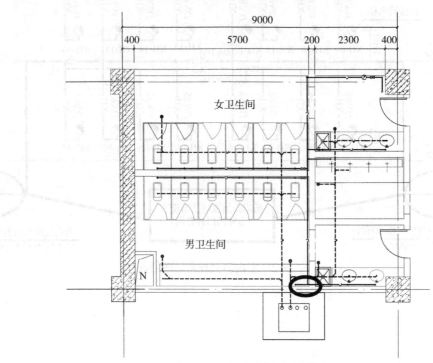 图1　卫生间给水排水大样图 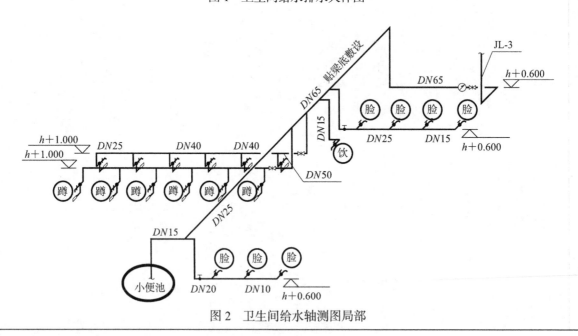 图2　卫生间给水轴测图局部
相关标准	**《建筑给水排水设计标准》** 3.3.13　严禁生活饮用水管道与大便器（槽）、小便斗（槽）采用非专用冲洗阀直接连接。
问题解析	图中未表示小便槽的专用冲洗阀，且无相关说明及安装要求。生活饮用水管道给大便器（槽）、小便斗（槽）供水，须采用冲洗水箱或空气隔断冲洗阀，可参考国家标准图集《卫生设备安装》09S304。

	问题 9　太阳能生活热水系统辅助加热的方式不能保证水质
问题描述	太阳能集中生活热水系统采用容积式电热水器作为辅助热源并联的接入方式，如图 1 所示。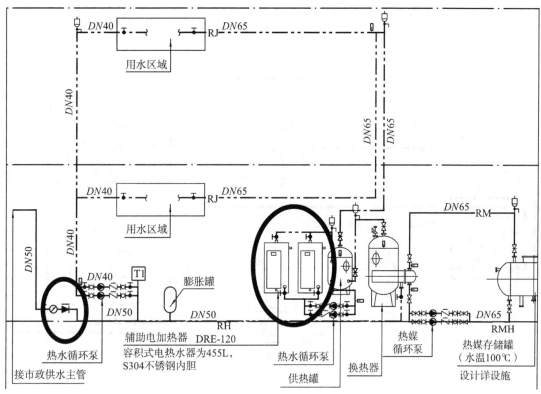图 1　太阳能生活热水系统接入方式图
相关标准	**《建筑给水排水设计标准》** 6.2.2　生活热水的原水水质应符合现行国家标准《生活饮用水卫生标准》GB 5749 的规定，生活热水的水质应符合现行行业标准《生活热水水质标准》CJ/T 521 的规定。
问题解析	辅助电加热器与热水换热器并联供水，每台辅助电加热器储水容积为 455L，当太阳能充沛的时期，有可能连续几天或几周无须电辅助加热，电热水器内储水长期不使用，有造成水质恶化的风险。图 1 中的系统设有供热罐，如辅助电加热器采用即热式或快速式水加热器，或将图中 2 台储水容积为 455L 的电热水器与供热罐调整为有效容积满足系统要求的容积式电热水器，则可避免这个问题。 　　另外，因倒流防止器在系统为设计流量的工况时，水头损失为 2m～4m，为保证生活供水系统的冷热水压力平衡，当小区环状市政给水管道的引入管已设有倒流防止器时，图 1 中给水引入管不应再重复设置倒流防止器；当市政给水入口未设置倒流防止器时，则加热设备供水范围内的冷水给水管道宜在倒流防止器后接出，见《建筑给水排水设计标准》第 6.3.7 条第 2 款规定。

问题 10　开水器、生活水箱、空调冷凝水等未间接排水

问题描述

开水器排水管道接在开水间及机房的污水管道上，如图1、图2所示。

生活水箱的泄水管和溢流管接至排水沟内，如图3所示。

空调冷凝水排水管直接接入污水管网，如图4所示。

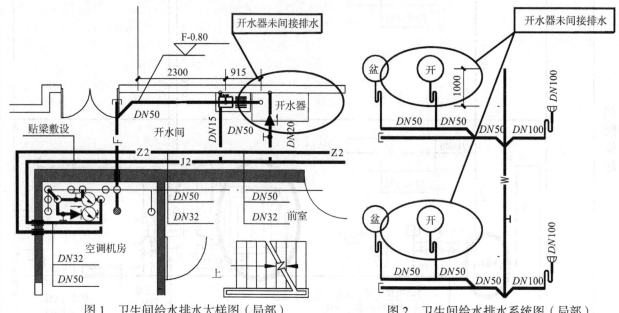

图1　卫生间给水排水大样图（局部）　　　图2　卫生间给水排水系统图（局部）

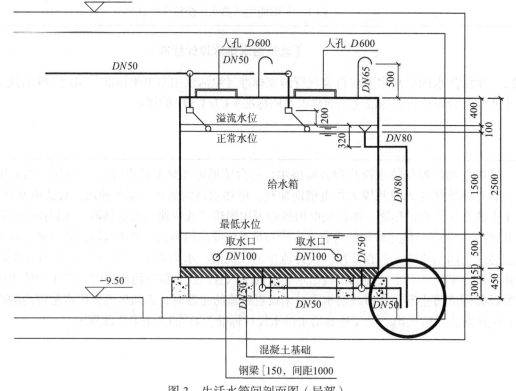

图3　生活水箱间剖面图（局部）

问题描述	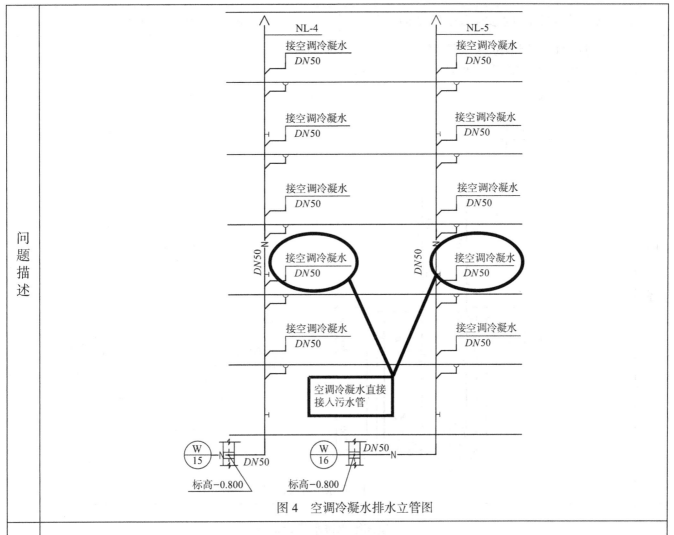 图4 空调冷凝水排水立管图
相关标准	**《建筑给水排水设计标准》** 4.4.12 下列构筑物和设备的排水管与生活排水管道系统应采取间接排水的方式： 　1 生活饮用水贮水箱（池）的泄水管和溢流管； 　2 开水器、热水器排水； 　3 医疗灭菌消毒设备的排水； 　4 蒸发式冷却器、空调设备冷凝水的排水； 　5 贮存食品或饮料的冷藏库房的地面排水和冷风机溶霜水盘的排水。
问题解析	间接排水指设备或容器的排水管与排水系统非直接连接，其间留有空气间隙。开水器的排水可接在地漏上方，生活水箱的溢流排水管不应伸入沟底，应留有一段空气间隙。空调冷凝水排水可接在地漏上方，空气间隙应满足《建筑给水排水设计标准》第4.4.14条的规定，即间接排水口最小空气间隙，应按表1确定。

间接排水口最小空气间隙（mm）　　　　　　　　　　　　　　　　　　　　表1

间接排水管管径	排水口最小空气间隙
≤25	50
32～50	100
>50	150
饮料用贮水箱排水口	≥150

问题 11 污水泵坑未设置通气管

密闭污水泵坑未设置通气管,如图 1 所示。

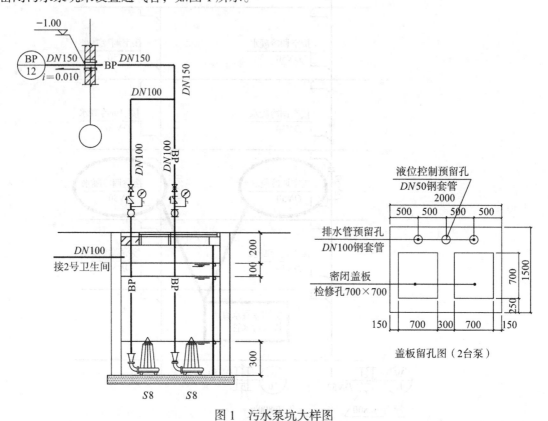

图 1 污水泵坑大样图

《建筑给水排水设计标准》

4.8.3 当生活污水集水池设置在室内地下室时,池盖应密封,且应设置在独立设备间内并设通风、通气管道系统。成品污水提升装置可设置在卫生间或敞开空间内,地面宜考虑排水措施。

通气管的作用是将污水集水池中散发出的大量臭气等有害气体及时排至高空,避免有害气体淤积污染室内空气或产生危险。不设通气管的生活污水集水池类似一个密闭的厌氧污水池,易生成沼气,容易发生危险。

| 第一章 给水排水卫生安全及使用安全问题 | 第一节 水质及卫生安全 |

问题 12　室内排水沟与室外污水管网直接连接，未设置水封装置

净水车间工艺管道大样图，如图 1 所示。

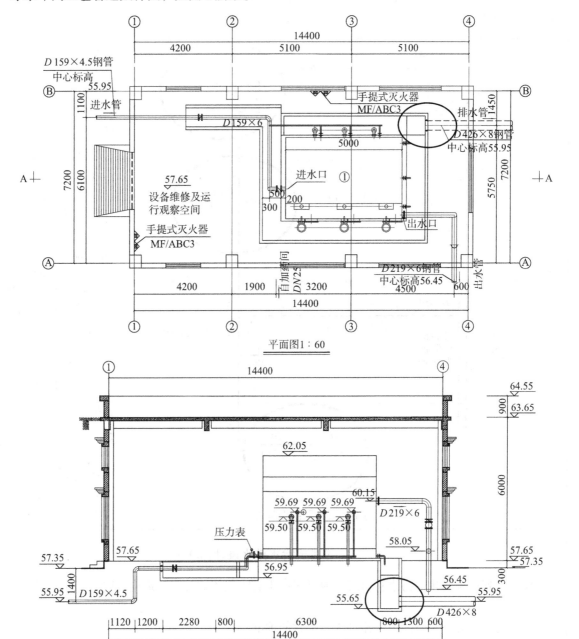

图 1　净水车间工艺管道大样图

相关标准
《建筑给水排水设计标准》
4.4.17　室内生活废水排水沟与室外生活污水管道连接处，应设水封装置。

问题解析
图 1 中的室内排水沟接至室外污水管网，室外未设置水封井。 设置水封装置的目的是隔绝室外管道中有毒有害的气体通过明沟进入室内。有效的隔绝方法是在室内设置存水弯或在室外设置水封井。对于不经常排水的地面排水沟，应采取防止水封干涸的措施，一般根据气候条件采取定时向排水沟内间接排水（补水）的方法。

	问题 13 喇叭口废水管直接接污水管道
问题描述	自动喷水灭火系统的末端试水喇叭口接在废水管道上，废水管道又直接接在室外污水管道上，如图1、图2所示。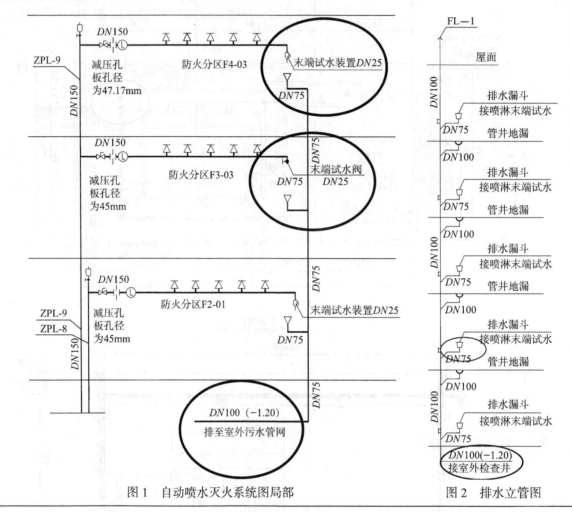 图1 自动喷水灭火系统图局部　　图2 排水立管图
相关标准	**《建筑给水排水设计标准》** 4.3.10 下列设施与生活污水管道或其他可能产生有害气体的排水管道连接时，必须在排水口以下设存水弯： 　1 构造内无存水弯的卫生器具或无水封的地漏； 　2 其他设备的排水口或排水沟的排水口。
问题解析	自动喷水灭火系统末端试水喇叭口接在废水管道上，废水管道又直接接在室外污水管道上，将造成室外污水管道内有害有毒气体沿废水立管上喇叭口进入室内，影响室内卫生环境，发生中毒、窒息等安全事故或有爆炸风险。 由于试水装置不经常使用，采用普通地漏或存水弯有水封干涸的风险，建议在专用排水管道末端采用间接排水的方式。

第一章　给水排水卫生安全及使用安全问题　　　第一节　水质及卫生安全

问题 14　卫生间污水管道设于厨房主副食操作间、备餐间操作的上方和药房上方

　　某幼儿园的卫生间污水管道敷设在下层厨房主副食操作间的上方，如图 1 所示。某卫生服务站二层卫生间的排水管道敷设在首层西药房、医务室内，如图 2、图 3 所示。

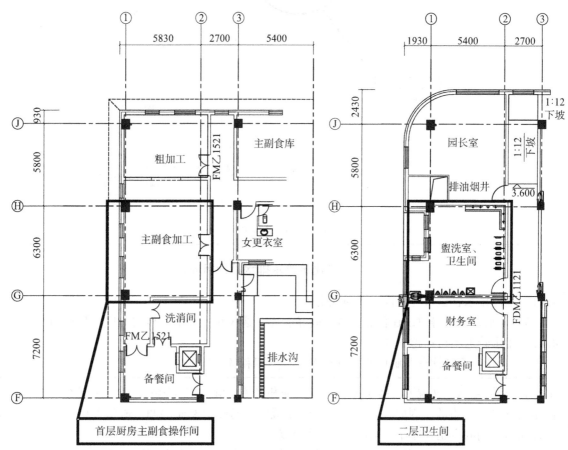

图 1　幼儿园首、二层给水排水平面图（局部）

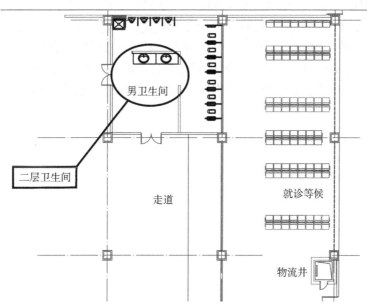

图 2　卫生服务站二层给水排水平面图（局部）

问题描述	 图 3 卫生服务站首层给水排水平面图（局部）
相关标准	**《建筑给水排水设计标准》** 4.4.1 室内排水管道布置应符合下列规定： 　　3 排水管道不得敷设在食品和贵重商品仓库、通风小室、电气机房和电梯机房内。 4.4.2 排水管道不得穿越下列场所： 　　4 食堂厨房和饮食业厨房的主副食操作、烹调和备餐的上方。
问题解析	第4.4.2条第4款条文说明：排水横管可能渗漏和受厨房湿热空气影响，管外表易结露滴水，造成污染食品的安全卫生事故。因此，在设计方案阶段就应该与建筑专业协调，避免上层用水器具、设备机房布置在厨房间的主副食操作、烹调、备餐的上方。 　　如果厨房上层还是厨房，上层厨房的排水管道也应避免敷设在下层厨房的主副食操作、烹调和备餐上方，可采用排水沟将排水引至主副食操作、烹调和备餐范围以外，再设网筐式地漏接排水管道。 　　《民用建筑设计统一标准》第6.6.1条第2款规定：在食品加工与贮存、医药及其原材料生产与贮存、生活供水、电气、档案、文物等有严格卫生、安全要求房间的直接上层，不应布置厕所、卫生间、盥洗室、浴室等有水房间；在餐厅、医疗用房等有较高卫生要求用房的直接上层，应避免布置厕所、卫生间、盥洗室、浴室等有水房间，否则应采取同层排水和严格的防水措施。

第一章 给水排水卫生安全及使用安全问题 第二节 公众利益及使用安全

问题 1　给水加压泵、冷却塔贴邻卧室、客房、病房等需安静的房间

生活热水加压泵设置在卧室上方，如图 1、图 2 所示。

冷却塔设置在公寓上方，如图 3、图 4 所示。

生活热水加压泵房贴邻宿舍，如图 5 所示。

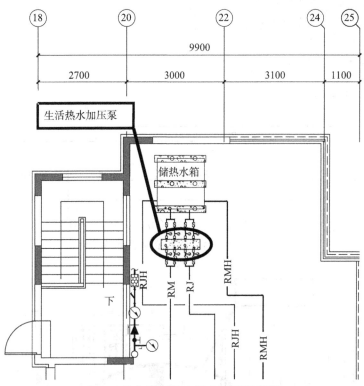

图 1　住宅屋顶给水排水平面局部图

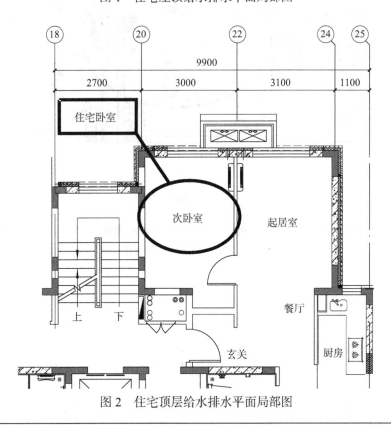

图 2　住宅顶层给水排水平面局部图

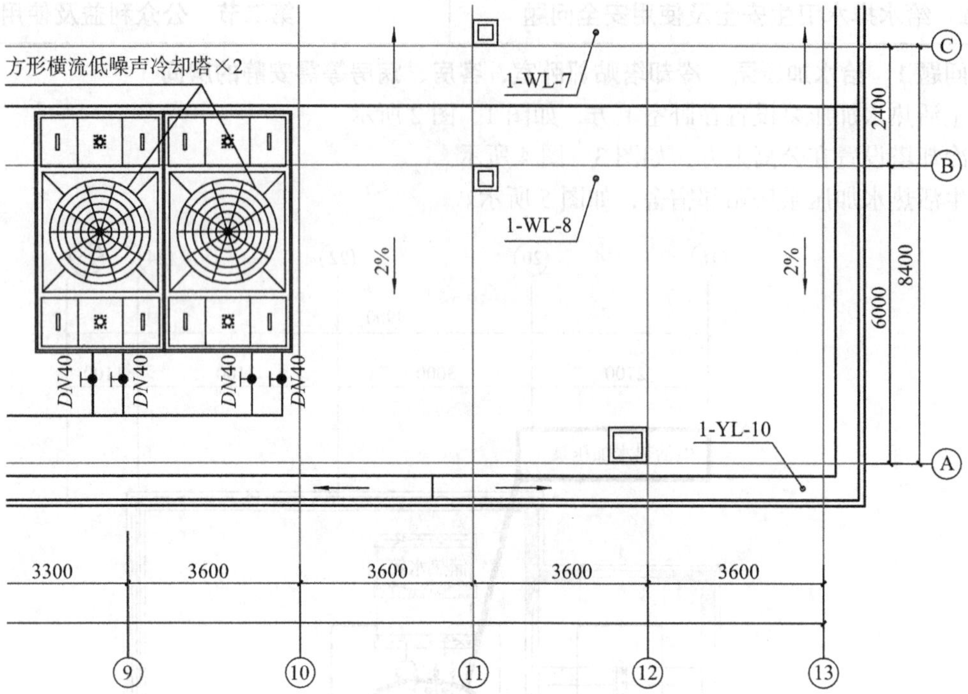

图 3 公寓屋顶平面局部图

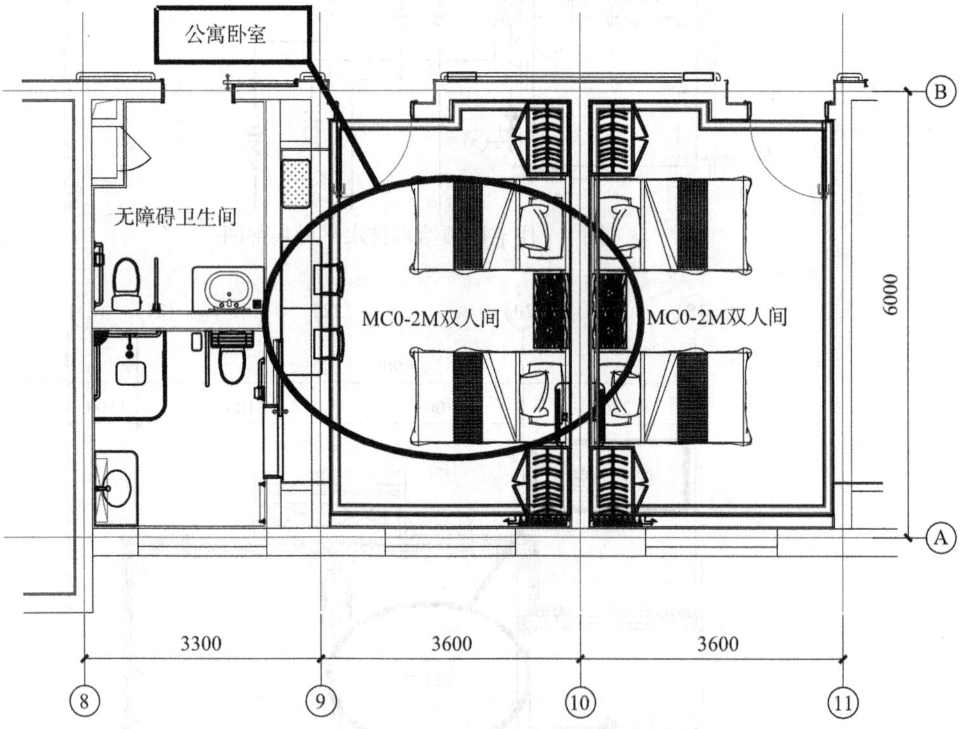

图 4 公寓顶层平面局部图

问题描述

问题描述	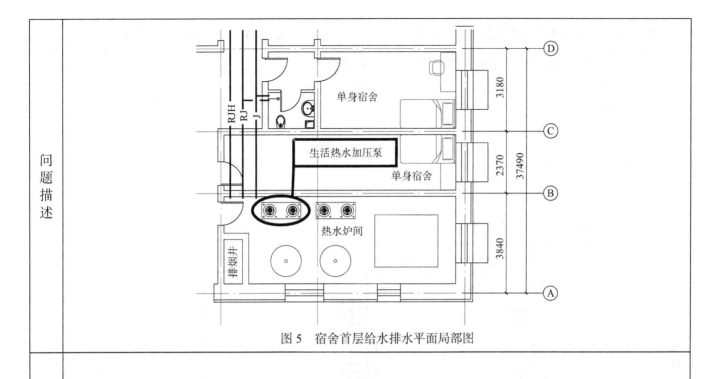 图 5　宿舍首层给水排水平面局部图
相关标准	**《城镇给水排水技术规范》** 3.6.6　给水加压、循环冷却等设备不得设置在居住用房的上层、下层和毗邻的房间内，不得污染居住环境。 **《二次供水工程技术规程》** 3.0.5　二次供水设施应独立设置，并应有建筑围护结构。 **《建筑给水排水设计标准》** 3.9.10　建筑物内的给水泵房，应采用下列减振防噪措施： 　　1　应选用低噪声水泵机组； 　　2　吸水管和出水管上应设置减振装置； 　　3　水泵机组的基础应设置减振装置； 　　4　管道支架、吊架和管道穿墙、楼板处，应采取防止固体传声措施； 　　5　必要时，泵房的墙壁和天花应采取隔音吸音处理。 3.11.8　环境对噪声要求较高时，冷却塔可采取下列措施： 　　1　冷却塔的位置宜远离对噪声敏感的区域； 　　2　应采用低噪声型或超低噪声型冷却塔； 　　3　进水管、出水管、补充水管上应设置隔振防噪装置； 　　4　冷却塔基础应设置隔振装置； 　　5　建筑上应采取隔声吸音屏障。
问题解析	水泵、冷却塔等给水加压、循环冷却设备在运行时产生噪声、振动及水雾，其隔振防噪措施不仅应满足《建筑给水排水设计标准》第 3.9.10 条、第 3.11.8 条的规定，还不得将这些设备设置在要求安静的卧室、客房、病房等房间的上、下及毗邻位置。 　　另外，直接太阳能生活热水系统，生活贮热水箱及加压泵不应露天设置，应按《二次供水工程技术规程》第 3.0.5 条设于加压泵房内，泵房围护结构能够起到保温隔热、防雨防冻防破坏、防投毒等安全防护作用。

第一章 给水排水卫生安全及使用安全问题	第二节 公众利益及使用安全

问题 2 人工读数热水表、供水立管阀门设置在户内

问题描述

将生活热水立管设置在住宅套内，在其就近位置设置的热水表是人工读数的热水表，给水、热水立管阀门设于户内，如图 1、图 2 所示。

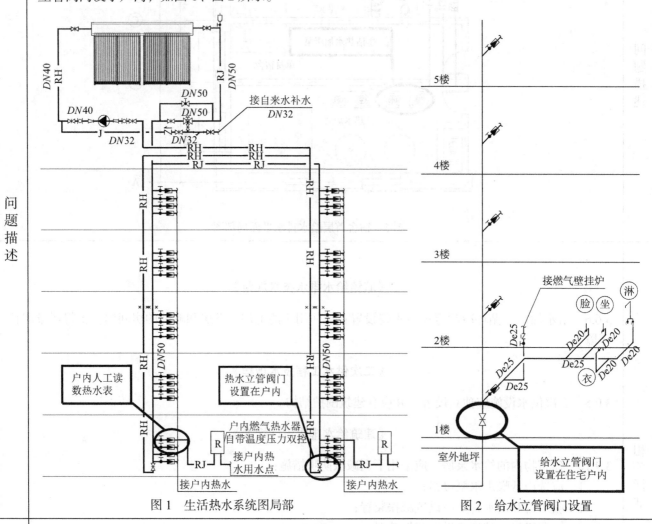

图 1 生活热水系统图局部　　　　　图 2 给水立管阀门设置

相关标准

《住宅建筑规范》

8.1.4 住宅的给水总立管、雨水立管、消防立管、采暖供回水总立管和电气、电信干线（管），不应布置在套内。公共功能的阀门、电气设备和用于总体调节和检修的部件，应设在共用部位。

8.1.5 住宅的水表、电能表、热量表和燃气表的设置应便于管理。

《住宅设计规范》

8.1.6 设备、仪表及管线较多的部位，应进行详细的综合设计，并应符合下列规定：
　　4 水表、热量表、燃气表、电能表的设置应便于管理。
8.1.7 下列设施不应设置在住宅套内，应设置在共用空间内：
　　2 公共的管道阀门、电气设备和用于总体调节和检修的部件，户内排水立管检修口除外。

问题解析

　　计量仪表选择和安装的原则是安全可靠，便于读表、检修，减少扰民。一般将人工读数的仪表设置在户外，设置在户内的热水表应优先采用可靠的远传电子计量仪表。当给水、生活热水采用远传水表或 IC 卡水表时，应将立管设置在套内卫生间或厨房，立管检修阀应设置在公共部位，以便维修和管理，可设置在管道层的横管上，避免设置在套内的立管上。

问题3 排水立管穿越卧室、起居室等

某住宅排水立管穿越卧室、起居室,如图1、图2所示。

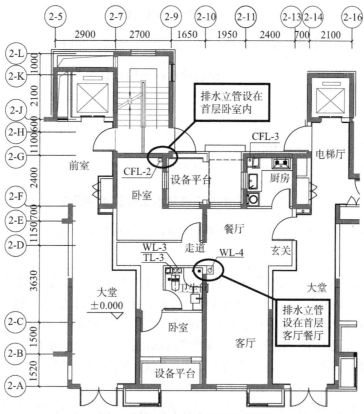

图1 首层给水排水平面局部图

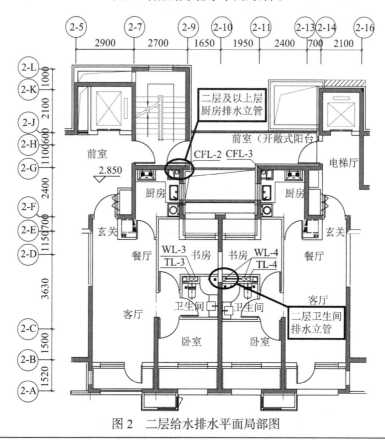

图2 二层给水排水平面局部图

相关标准	**《住宅建筑规范》** 8.2.7 住宅厨房和卫生间的排水立管应分别设置。排水管道不得穿越卧室。 **《住宅设计规范》** 8.2.6 厨房和卫生间的排水立管应分别设置。排水管道不得穿越卧室。 **《建筑给水排水设计标准》** 4.4.1 室内排水管道布置应符合下列规定： 　　6　排水管、通气管不得穿越住户客厅、餐厅，排水立管不宜靠近与卧室相邻的内墙。 4.4.2 排水管道不得穿越下列场所： 　　1　卧室、客房、病房和宿舍等人员居住的房间。 **《住宅室内防水工程技术规范》** 5.2.4 排水立管不应穿越下层住户的居室；当厨房设有地漏时，地漏的排水支管不应穿过楼板进入下层住户的居室。
问题解析	从图1、图2可看出，二层及以上住户厨房、卫生间的排水立管敷设在首层卧室、起居室内，是因为首层建筑平面调整未考虑排水管道的设置位置，使得排水管道进入首层住户的起居室卧室内。 排水管道不得穿越卧室、客房、病房和宿舍等人员居住的房间，是因为住宅的卧室、旅馆的客房、医院病房、宿舍等是卫生、安静要求最高的空间部位，《建筑给水排水设计标准》第4.4.2条第1款的条文说明中明确"排水管道、通气管均不得穿越卧室空间任何部位"，在该标准2.1节中通气管、排水管有不同的定义。 对于住宅项目，还应避免一旦发生渗漏，或污水、洗涤废水通过楼板进入下层的居室，或维修时给他人的生活造成影响。群众投诉的这类案例时有发生，这是设计过程中本专业未与建筑专业协调好的缘故。

问题 4　给水排水管道进入电气房间

给水、排水管道进入电气房间，如图 1～图 3 所示。

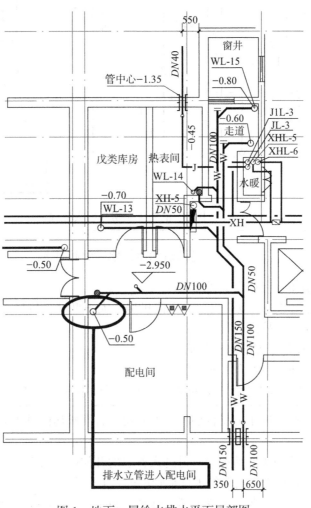

图 1　地下一层给水排水平面局部图

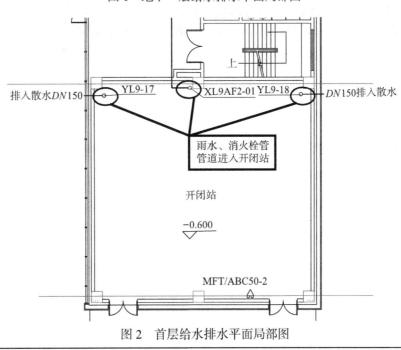

图 2　首层给水排水平面局部图

问题描述	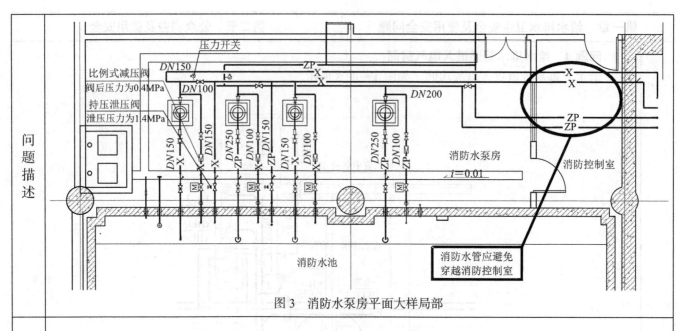 图3 消防水泵房平面大样局部
相关标准	**《建筑给水排水设计标准》** 3.6.2 室内给水管道布置应符合下列规定： 　　1 不得穿越变配电房、电梯机房、通信机房、大中型计算机房、计算机网络中心、音像库房等遇水会损坏设备或引发事故的房间； 　　2 不得在生产设备、配电柜上方通过。 4.4.1 室内排水管道布置应符合下列规定： 　　3 排水管道不得敷设在食品和贵重商品仓库、通风小室、电气机房和电梯机房内。
问题解析	图1中地下一层配电间上方是首层住户的厨房，各层厨房的排水立管进入地下室配电间，再接至室外污水管网。 图2中的建筑屋面雨水及消火栓管道进入首层的开闭站，对电气设备的安全及事故造成隐患，设计时应同建筑专业沟通协调，避免给水排水管道进入电气房间。 图3中，消防水泵房的各消防管道不应穿越消防水泵房控制室。如消防水泵控制柜设于消防水泵房内，则不应敷设在配电柜上方，且应满足《消防给水及消火栓系统技术规范》第5.5.5条、第11.0.9条规定，采取保护电气设备的措施且消防水泵控制柜的防护等级不应低于IP55。

第一章 给水排水卫生安全及使用安全问题

第二节 公众利益及使用安全

问题 5　屋面雨水斗做法不能控制积水深度

某屋面面积为 2172m²，被划分为 4 个汇水区域，均以 2% 坡度由周边向核心筒附近的雨水口找坡，设 4 条虹吸雨水系统，设 4 个 110mm 虹吸雨水斗，建筑屋顶四周玻璃幕墙的 1.2m 高女儿墙未设溢流口，如图 1、图 2 所示。给水排水专业的设计说明中虹吸雨水斗最大排量见表 1；建筑专业设计说明中屋面为不上人屋面，做法为华北标图集 12BJ1-1《工程做法》中平屋 ZZ-7 正置式，屋面雨水斗做法详见华北标图集 08BJ5-1《屋面详图》第 20 页；结构专业设计说明中屋面均布活荷载标准值为 0.5kN/m²。

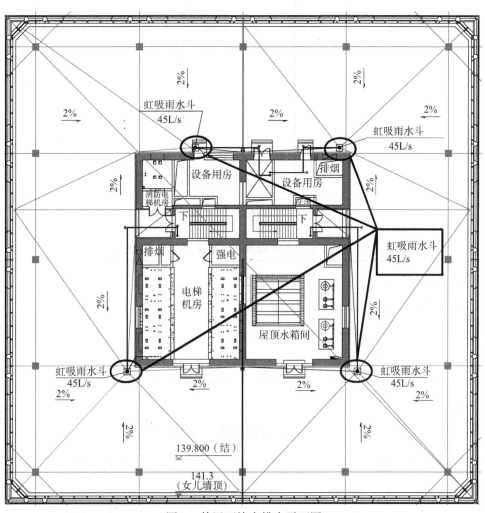

图 1　某屋面给水排水平面图

（问题描述）

问题描述	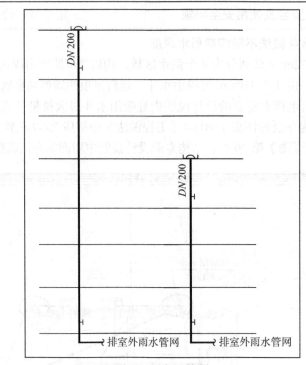 图 2 雨水立管图 设计说明中虹吸雨水斗最大排量及斗前水深　　　　　　　　　　　　　　表 1 | 规格（mm）	额定流量（L/s）	斗前水深（mm）
---	---	---
56	12	35
90	25	55
110	45	80
125	60	85	
相关标准	**《建筑给水排水设计标准》** 5.2.5 建筑的雨水排水管道工程与溢流设施的排水能力应根据建筑物的重要程度、屋面特征等按下列规定确定： 　　3 当屋面无外檐天沟或无直接散水条件且采用溢流管道系统时，总排水能力不应小于100a重现期的雨水量。 **《建筑屋面雨水排水系统技术规程》** 3.1.2 建筑屋面雨水积水深度应控制在允许的负荷水深之内，50年设计重现期降雨时屋面积水不得超过允许的负荷水深。
问题解析	本项目屋面无外檐天沟，周边玻璃幕墙的女儿墙无法开设溢流口，采用虹吸雨水系统作为溢流设施，屋面雨水排水的总能力应按100年重现期设计，同时也就满足了《建筑屋面雨水排水系统技术规程》第3.1.2条的规定。 　　允许的负荷水深指建筑和结构专业允许的积水深度。建筑屋面的积水深度限制主要来自结构专业的荷载限制和建筑专业的屋面防水要求。本工程结构专业的屋面均市活荷载按$0.5kN/m^2$设计，即屋面雨水的积水深度不应大于50mm。

	工程所在地为北京第Ⅱ暴雨分区，50年、100年设计重现期降雨的设计暴雨强度 q 应按如下公式计算：$$q=\frac{1378(1+1.0471\lg P)}{(t+8)^{0.642}}$$ 适用范围为：降雨历时（$t \leqslant 120\text{min}$），设计重现期 $P > 10\text{a}$；《雨水控制与利用工程设计规范》DB11/685—2013 重现期分别按50年、100年时屋面每个雨水斗流量计算见表2。

雨水斗流量计算　　　　　　　　　　　　　　　　　　　　　　　　　　　表 2

重现期（a）	暴雨强度 [L/(s·hm²)]	汇水时间（min）	汇水面积（m²）	径流系数	设计流量（L/s）	每个雨水斗流量（L/s）
50	737.83	5.00	2172.00	1.00	160.26	40.06
100	821.52	5.00	2172.00	1.00	178.43	44.61

问题解析	表1中选用110mm虹吸雨水斗，斗前水深需满足80mm的要求，流量才为45L/s，但平面图引用的屋面雨水斗图集做法无法满足所需的斗前水深，见图集08BJ5-1《屋面详图》第20页。因为雨水斗未设在雨水沟内，屋面的结构荷载仅能满足50mm的雨水深度，雨水斗无法形成虹吸，无法达到最大的排水流量。图1所示的做法，屋面积水为80mm厚时，雨水斗才能达到45L/s的排水能力，而此时已超过屋面负荷水深，将对结构安全造成不利影响。因此在设计中，给水排水专业应关注雨水斗的斗前水深要求，确定雨水斗设置方式，并向建筑专业提资配合。

问题 6　屋面雨水排水管敷设不能控制积水深度

女儿墙埋设雨水排水管至屋面外檐沟，未标注管径、标高、坡度，如图1、图2所示。

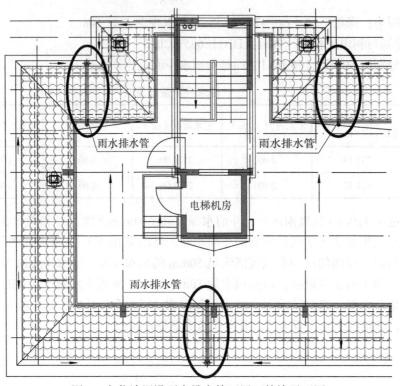

图1　女儿墙埋设雨水排水管至屋面外檐平面图

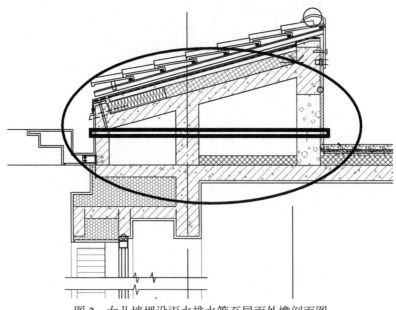

图2　女儿墙埋设雨水排水管至屋面外檐剖面图

相关标准	**《建筑屋面雨水排水系统技术规程》** 3.1.2 建筑屋面雨水积水深度应控制在允许的负荷水深之内，50年设计重现期降雨时屋面积水不得超过允许的负荷水深。 **《建筑给水排水设计标准》** 5.2.5 建筑的雨水排水管道工程与溢流设施的排水能力应根据建筑物的重要程度、屋面特征等按下列规定确定： 　　3　当屋面无外檐天沟或无直接散水条件且采用溢流管道系统时，总排水能力不应小于100a重现期的雨水量。
问题解析	设计深度不够，女儿墙内屋面汇水面积约为200m^2，为女儿墙围合区域，设3根雨水管过水洞，其过水洞距屋面的水深高度应满足结构专业荷载计算，同时过水洞的断面尺寸，应满足排除100a重现期的雨水量要求。

问题7 下沉广场的雨水集水池的设置方式易造成雨水倒灌至室内

某建筑地下一层商业与下沉广场连通，下沉庭院的雨水引入地下二层车库地面集水池。地下一层和地下二层给水排水平面如图1、图2所示。

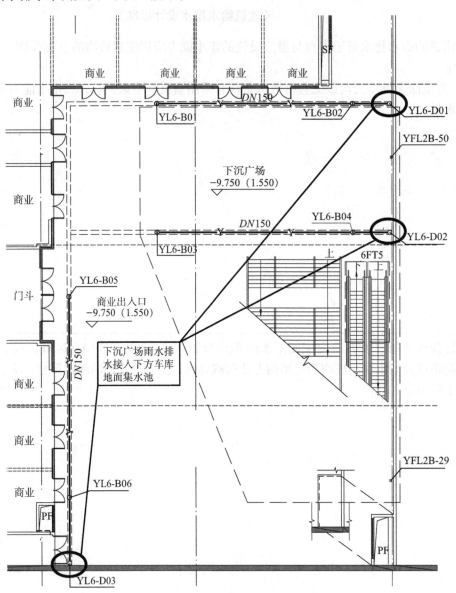

图1 某建筑地下一层给水排水局部平面图

问题描述	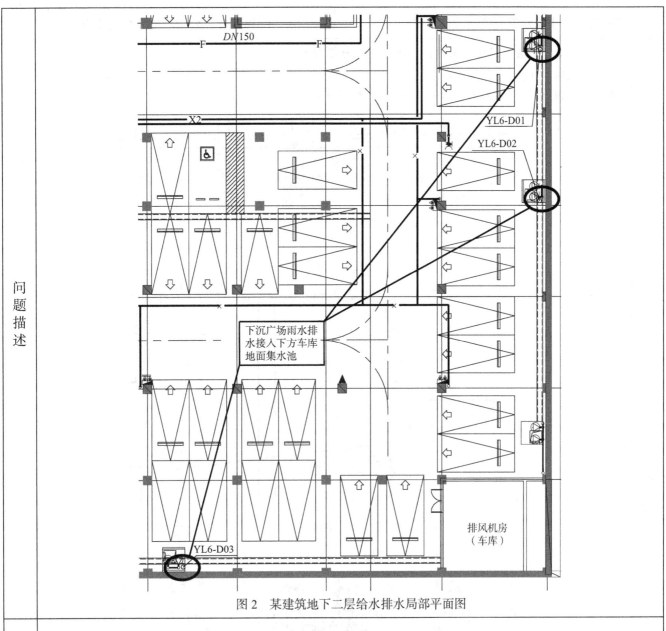 图 2 某建筑地下二层给水排水局部平面图
相关标准	《城镇给水排水技术规范》 4.2.4 下沉式广场、地下车库出入口等不能采用重力流排出雨水的场所，应设置压力流雨水排水系统，保证雨水及时安全排出。
问题解析	将下沉广场的雨水引至下层地面的集水池，在超设计重现期降雨时，会造成下沉广场的雨水通过地下二层的集水池倒灌至室内房间。建议将雨水集水池设于下沉广场处，且室内地坪应高于室外广场地坪或在门口处设置挡水槛，防止雨水倒灌至室内。

问题 8　开敞下沉空间未设置雨水加压提升排放系统

住宅楼地下一层户内活动室与露天开敞下沉庭院连通，下沉庭院的雨水接至室外雨水管网，未见加压提升设施相关图纸设计。地下一层及首层给水排水平面如图 1、图 2 所示。

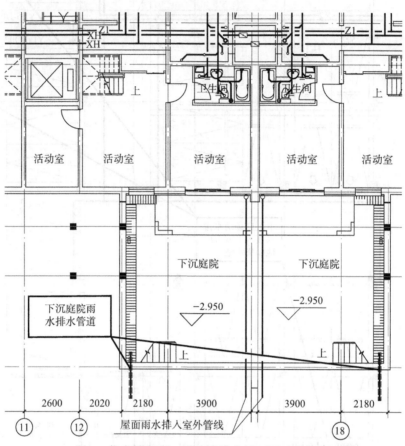

图 1　住宅楼地下一层给水排水平面图（局部）

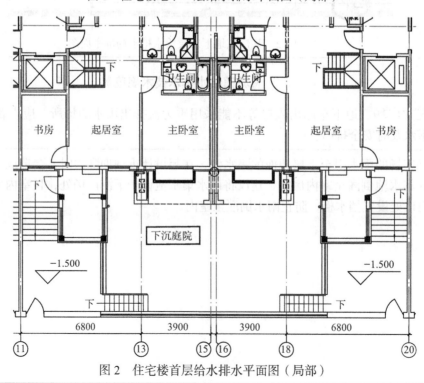

图 2　住宅楼首层给水排水平面图（局部）

相关标准	**《城镇给水排水技术规范》** 4.2.4 下沉式广场、地下车库出入口等不能采用重力流排出雨水的场所，应设置压力流雨水排水系统，保证雨水及时安全排出。 **《建筑给水排水设计标准》** 5.3.18 与建筑连通的下沉式广场地面排水当无法重力排水时，应设置雨水集水池和排水泵提升排至室外雨水检查井。 **《建筑屋面雨水排水系统技术规程》** 8.1.1 地下室车库出入口坡道、与建筑相通的室外下沉式广场、局部下沉式庭院、露天窗井等场所应设置雨水加压提升排放系统。当排水口及汇水面高于室外雨水检查井盖标高时，可直接重力排入雨水检查井。
问题解析	地下一层为住宅的户内活动室，下沉庭院与之连通，下沉庭院雨水应采取设置雨水集水池和排水泵机械加压排出。图1中雨水如接至室外雨水集水池，应采取防止雨水倒灌的措施；室外集水池的检查井盖应高于室外地坪；排水泵设计流量宜按不小于50年的雨水重现期设计。雨水集水池的有效容积不小于最大一台排水泵5min的出水量；排水泵要有不间断的动力供应，且定期检修，保证其正常使用。另外，室外雨水集水池较深，应有防止人员坠落等保证安全的措施。

	第二章 消防安全问题	第一节 消防设施及水源
问题描述	**问题 1　未按规范或法规要求设置消防软管卷盘或轻便消防水龙** 某商场未设置消防软管卷盘或轻便消防水龙。	
相关标准	**《建筑设计防火规范》** 8.2.2　本规范第 8.2.1 条未规定的建筑或场所和符合本规范第 8.2.1 条规定的下列建筑或场所，可不设置室内消火栓系统，但宜设置消防软管卷盘或轻便消防水龙。 8.2.4　人员密集的公共建筑、建筑高度大于 100m 建筑和建筑面积大于 200m² 的商业服务网点内应设置消防软管卷盘或轻便消防水龙。高层住宅建筑的户内宜配置轻便消防水龙。 　　老年人照料设施内应设置与室内供水系统直接连接的消防软管卷盘，消防软管卷盘的设置间距不应大于 30.0m。 **《人民防空工程设计防火规范》** 7.6.2　室内消火栓的设置应符合下列规定： 　　6　室内消火栓处应同时设置消防软管卷盘…… **《物流建筑设计规范》** 15.6.6　物流建筑内设置的室内消火栓箱内应设置消防软管卷盘。	
问题解析	在消防法及《人员密集场所消防安全评估导则》中，人员密集场所定义如下： 　　3.2　公共聚集场所　public gathering occupancy 　　宾馆、饭店、商场、集贸市场、客运车站候车室、客运码头候船厅、民用机场航站楼、体育场馆、会堂以及公共娱乐场所，以及其他与所列场所功能相同或相似的场所。 　　3.3　人员密集场所　assembly occupancy 　　公众聚集场所，医院的门诊楼、病房楼，学校的教学楼、图书馆、食堂和集体宿舍，养老院，福利院，托儿所，幼儿园，公共图书馆的阅览室，公共展览馆、博物馆的展示厅，劳动密集型企业的生产加工车间和员工集体宿舍，旅游、宗教活动场所等。 　　我们可以看出：规范规定了大多数房屋建筑和场所内均应（宜）设置消防软管卷盘或轻便消防水龙，因为其是控制建筑物内固体可燃物初起火的有效器材，用水量小，配备和使用方便，适用于非专业人员使用，方便建筑内人员扑灭初起火时使用。在设有室内消火栓系统时，采用室内消火栓与消防软管卷盘或轻便水龙设置在同一箱体内的方式。	

	第二章 消防安全问题	第一节 消防设施及水源
问题描述	**问题 2　幼儿园未按规范要求设置室内消火栓系统** 某幼儿园建筑体积为 8000m³，未设置室内消火栓系统。	
相关标准	《建筑设计防火规范》 8.2.1　下列建筑或场所应设置室内消火栓系统： 　　3　体积大于 5000m³ 的车站、码头、机场的候车（船、机）建筑、展览建筑、商店建筑、旅馆建筑、医疗建筑、老年人照料设施和图书馆建筑等单、多层建筑。	
问题解析	幼儿属于行动不便的群体之一，幼儿园建筑应按《建筑设计防火规范》第 8.2.1 条第 3 款判定，参照旅馆建筑、医疗建筑、老年人照料设施，建筑体积大于 5000m³ 时，应设置室内消火栓。	

	第二章 消防安全问题	第一节 消防设施及水源
问题描述	**问题3 宿舍未按规范要求设置室内消火栓系统** 某4层宿舍楼，建筑体积为9800m³，建筑高度为16m，未设置室内消火栓系统。	
相关标准	《建筑设计防火规范》 8.2.1 下列建筑或场所应设置室内消火栓系统： 　5 建筑高度大于15m或体积大于10000m³的办公建筑、教学建筑和其他单、多层民用建筑。	
问题解析	多层宿舍应按《建筑设计防火规范》第8.2.1条第5款判定，建筑高度大于15m的其他单、多层民用建筑应设室内消火栓。	

	第二章 消防安全问题	第一节 消防设施及水源
问题描述	**问题4　住宅与其他功能组合建造的建筑未按规范确定消火栓设计流量、火灾延续时间** 某建筑高度为52m，住宅楼首层底商的每隔间建筑面积为500m²，按二类住宅建筑，室内消火栓设计流量为10L/s，室外消火栓设计流量为15L/s。	
相关标准	**《建筑设计防火规范》** 2.1.4　商业服务网点　commercial facilities 　　设置在住宅建筑的首层或首层及二层，每个分隔单元建筑面积不大于300m²的商店、邮政所、储蓄所、理发店等小型营业性用房。 5.4.10　除商业服务网点外，住宅建筑与其他使用功能的建筑合建时，应符合下列规定： 　　1　住宅部分与非住宅部分之间，应采用耐火极限不低于2.00h且无门、窗、洞口的防火隔墙和1.50h的不燃性楼板完全分隔；当为高层建筑时，应采用无门、窗、洞口的防火墙和耐火极限不低于2.00h的不燃性楼板完全分隔。建筑外墙上、下层开口之间的防火措施应符合本规范第6.2.5条的规定。 　　2　住宅部分与非住宅部分的安全出口和疏散楼梯应分别独立设置；为住宅部分服务的地上车库应设置独立的疏散楼梯或安全出口，地下车库的疏散楼梯应按本规范第6.4.4条的规定进行分隔。 　　3　住宅部分和非住宅部分的安全疏散、防火分区和室内消防设施配置，可根据各自的建筑高度分别按照本规范有关住宅建筑和公共建筑的规定执行；该建筑的其他防火设计应根据建筑的总高度和建筑规模按本规范有关公共建筑的规定执行。	
问题解析	本建筑首层底商不符合住宅建筑商业服务网点的要求，不能仅按住宅建筑设计，属于住宅建筑与商业建筑的合建建筑。 　　室内消防设施应分别按52m高层住宅、多层商店设置，室内消火栓设计流量按最不利情况，取大值，详见《消防给水及消火栓系统技术规范》表3.5.2。 　　确定室外消火栓设计流量时，首先应按该建筑的总高度根据《建筑设计防火规范》表5.1.1确定建筑的分类。本工程建筑高度大于50m，属一类高层公共建筑，建筑体积大于5万m³，根据《消防给水及消火栓系统技术规范》表3.3.2，室外消火栓设计流量应为40L/s。 　　当高层建筑上部为住宅、下部裙房为其他使用功能建筑的组合建造时，消火栓系统火灾延续时间按《消防给水及消火栓系统技术规范》表3.6.2的公共建筑取值。裙房为高度大于24m的商业楼时，按高层商业楼，火灾延续时间取值为3h；裙房为两种及以上使用功能时，无论其高度是否超过24m，均按高层综合楼，火灾延续时间取值为3h；裙房为单一使用功能且高度不大于24m时，火灾延续时间取值为2h。本建筑首层为单一功能，火灾延续时间为2h。 　　高位消防水箱是针对室内采用临时高压的消防给水系统建造的，高位消防水箱的有效容积依据《消防给水及消火栓系统技术规范》第5.2.1条，分别按多层商业、二类高层住宅确定，取大值。	

	第二章 消防安全问题	第一节 消防设施及水源
问题描述	**问题5 利用市政消火栓应注意的问题** 某建筑，室内消火栓及自动喷水灭火系统采用临时高压给水系统，室外消火栓设计流量为30L/s，环状市政给水管网仅有一路市政给水入口接入红线，利用附近2支市政消火栓作为室外消防水源，但市政消火栓距建筑外缘超过40m。	
相关标准	**《消防给水及消火栓系统技术规范》** 6.1.3 建筑物室外宜采用低压消防给水系统，当采用市政给水管网供水时，应符合下列规定： 　1 应采用两路消防供水，除建筑高度超过54m的住宅外，室外消火栓设计流量小于等于20L/s时可采用一路消防供水； 　2 室外消火栓应由市政给水管网直接供水。 6.1.5 市政消火栓或消防车从消防水池吸水向建筑供应室外消防给水时，应符合下列规定： 　供消防车吸水的室外消防水池的每个取水口宜按一个室外消火栓计算，且其保护半径不应大于150m。 　距建筑外缘5m～150m的市政消火栓可计入建筑室外消火栓的数量，但当为消防水泵接合器供水时，距建筑外缘5m～40m的市政消火栓可计入建筑室外消火栓的数量。 　当市政给水管网为环状时，符合本条上述内容的室外消火栓出流量宜计入建筑室外消火栓设计流量；但当市政给水管网为枝状时，计入建筑的室外消火栓设计流量不宜超过一个市政消火栓的出流量。	
问题解析	室外消火栓设计流量为30L/s，应采用两路消防供水，室内消防系统采用临时高压给水系统，设有消防水池和消防水泵房。采用附近2支市政消火栓作为室外消火栓，虽市政消火栓满足保护半径150m的要求，但因为本建筑设有自动喷水灭火系统，设有水泵接合器，市政消火栓的位置还应满足距建筑外缘5m～40m的要求。	

| 第二章 消防安全问题 | 第一节 消防设施及水源 |

问题 6　大底盘商业建筑的消防系统设置不符合规范要求

1号楼为3层商业楼、2号楼为1层商业楼，3号楼为2层配套后勤用房，地下部分为大底盘，地下二层为汽车库，地下一层为超市，超市的中庭与1号商业楼共享，总建筑面积约为5万 m²。建筑布局及各楼主要消防平面图如图1～图5所示。

1号楼及地下部分室内消火栓设计流量为30L/s，自动喷水灭火系统设计流量为40L/s，地下车库及超市自动喷水灭火系统按中危险级Ⅱ级设计，地上部分自动喷水灭火系统按中危险级Ⅰ级设计；2号楼、3号楼未设置室内消防系统。

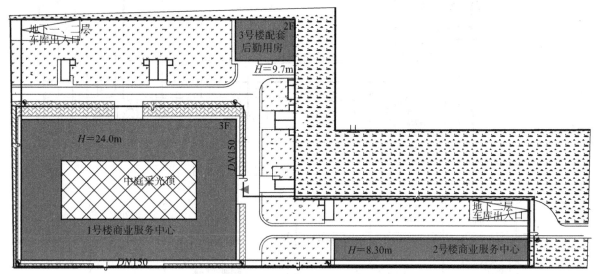

图1　大底盘商业建筑室外总平面图（局部）

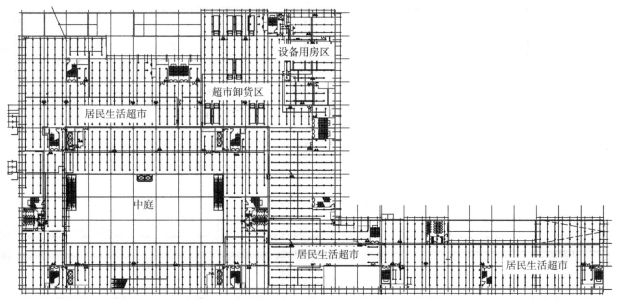

图2　大底盘商业建筑地下一层消防平面图（局部）

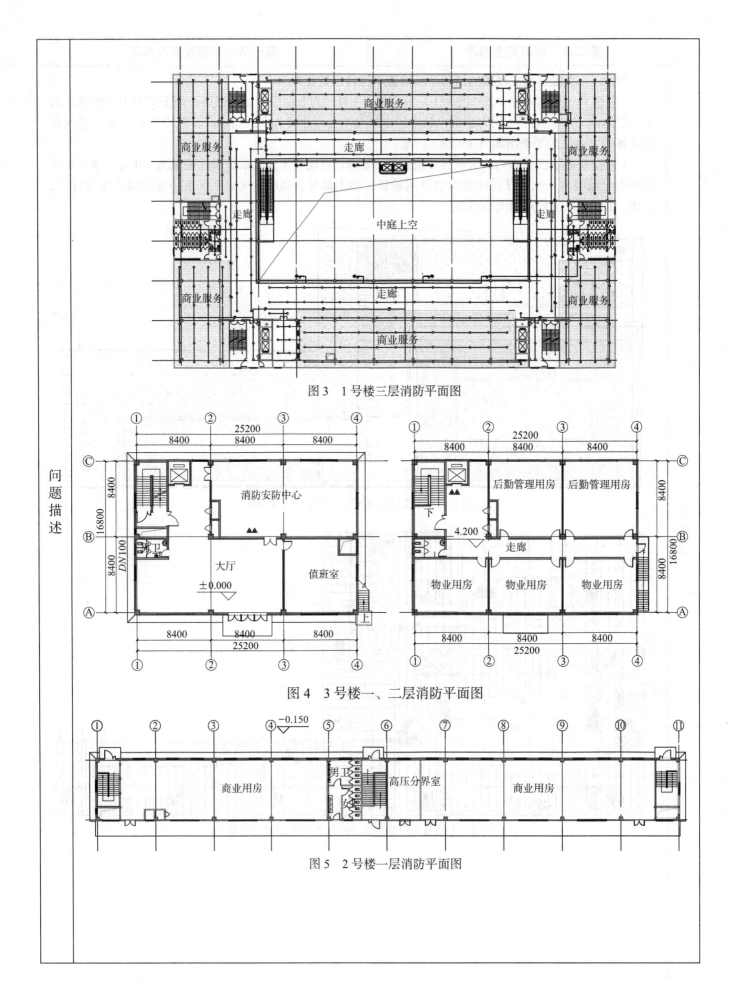

图3 1号楼三层消防平面图

图4 3号楼一、二层消防平面图

图5 2号楼一层消防平面图

	《自动喷水灭火系统设计规范》
相关标准	**附录 A　设置场所火灾危险等级分类** **表 A　设置场所火灾危险等级分类（局部）** | 火灾危险		设置场所分类
---	---	---
轻危险级		住宅建筑、幼儿园、老年人建筑、建筑高度为 24m 及以下的旅馆、办公楼；仅在走道设置闭式系统的建筑等
中危险级	Ⅰ级	1）高层民用建筑：旅馆、办公楼、综合楼、邮政楼、金融电信楼、指挥调度楼、广播电视楼（塔）等； 2）公共建筑（含单多层）：医院、疗养院；图书馆（书库除外）、档案馆、展览馆（厅）；影剧院、音乐厅和礼堂（舞台除外）及其他娱乐场所；火车站、机场及码头的建筑；总建筑面积小于 5000m² 的商场、总建筑面积小于 1000m² 的地下商场等； 3）文化遗产建筑：木结构古建筑、国家文物保护单位等； 4）工业建筑：食品、家用电器、玻璃制品等工厂的备料与生产车间等；冷藏库、钢屋架等建筑构件
	Ⅱ级	1）民用建筑：书库、舞台（葡萄架除外）、汽车停车场（库）、总建筑面积 5000m² 及以上的商场、总建筑面积 1000m² 及以上的地下商场、净空高度不超过 8m、物品高度不超过 3.5m 的超级市场等； 2）工业建筑：棉毛麻丝及化纤的纺织、织物及制品、木材木器及胶合板、谷物加工、烟草及制品、饮用酒（啤酒除外）、皮革及制品、造纸及纸制品、制药等工厂的备料与生产车间等
严重危险级	Ⅰ级	印刷厂、酒精制品、可燃液体制品等工厂的备料与车间、净空高度不超过 8m、物品高度超过 3.5m 的超级市场等
	Ⅱ级	易燃液体喷雾操作区域、固体易燃物品、可燃的气溶胶制品、溶剂清洗、喷涂油漆、沥青制品等工厂的备料及生产车间、摄影棚、舞台葡萄架下部等	
问题解析	1. 本项目地下部分为大底盘，地下一层的超市与 1 号商业楼连通且共用中庭，与 3 号楼共用楼梯间，并连通，2 号楼贴建在地下超市上方。虽然是 3 栋楼，但实际上应按 1 座建筑整体设计。地下商业火灾危险性较大，2 号楼、3 号楼均建议设置室内消火栓系统、自动喷水灭火系统。 2. 各楼的室内消火栓设计流量均应按整体的建筑体积计算设计，体积大于 2.5 万 m³，且因本建筑是商业建筑，且带有地下超市，虽自动喷水灭火系统全覆盖本建筑，但室内消火栓设计流量也不宜减少，应为 40L/s。 3. 商业面积应按地上地下统一计算，超过 5000m²，地上部分商业的自动喷水灭火系统应按中危Ⅱ级设计。 4. 地下超市层高为 5.5m，应根据物品高度确定自动喷水灭火系统的危险等级。当物品高度不超过 3.5m 时，为中危Ⅱ级；当物品高度超过 3.5m 时，应按严重危险级设计。设计应与业主或物业管理单位沟通确定，明确超市储物高度。

	第二章 消防安全问题	第一节 消防设施及水源
问题描述	**问题7 老年人照料设施室内消防设施存在的问题** 老年人照料设施的室内消防设施设置缺失。	
相关标准	《建筑设计防火规范》 8.2.1 下列建筑或场所应设置室内消火栓系统： 　3 体积大于5000m³的车站、码头、机场的候车（船、机）建筑、展览建筑、商店建筑、旅馆建筑、医疗建筑、老年人照料设施和图书馆建筑等单、多层建筑。 8.3.4 除本规范另有规定和不适用水保护或灭火的场所外，下列单、多层民用建筑或场所应设置自动灭火系统，并宜采用自动喷水灭火系统： 　5 大、中型幼儿园，老年人照料设施。 7.3.1 下列建筑应设置消防电梯： 　2 一类高层公共建筑和建筑高度大于32m的二类高层公共建筑、5层及以上且总建筑面积大于3000m²（包括设置在其他建筑内五层及以上楼层）的老年人照料设施； 《建筑灭火器配置设计规范》 附录D表D中严重危险级，15.老人住宿床位在50张及以上的养老院。	
问题解析	《建筑设计防火规范》第5.1.1条的条文说明中明确：20床及以上为老年人提供集中照料服务的公共建筑，包括老年人全日照料设施和老年人日间照料设施、非住宅类老年人居住建筑，比如老年人宿舍、公寓等非住宅按有关公共建筑的规定确定。其他专供老年人使用的、非集中照料的设施或场所，如老年大学、老年活动中心等不属于老年人照料设施。 在设计老年人照料设施时，要有如下的概念： 设置消防软管卷盘； 设置自动喷水灭火系统； 体积大于5000m³，设置室内消火栓系统； 老人床位50张及以上灭火器按严重危险级配置； 可能有消防电梯，消防电梯前室设置消火栓、消防电梯井底设置排水设施。 另外，还要注意其卫生器具便于使用及热水防烫的措施。	

| 第二章 消防安全问题 | 第二节 消防系统及组件 |

问题1 住宅楼室内消火栓系统分区、消火栓箱、消防水泵扬程、消防稳压等存在的问题

25层单元式住宅楼，建筑高度为78.0m，地下4层。室内消火栓系统如图1所示，自动喷水灭火系统图（局部）如图2所示。

问题描述

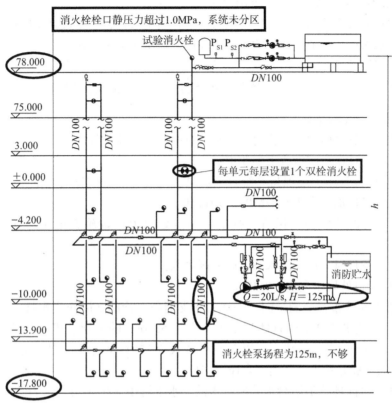

图1 25层单元式住宅楼室内消火栓系统图

图2 25层单元式住宅楼自动喷水灭火系统图（局部）

问题描述	存在的问题： 1. 消火栓栓口静压大于1.0MPa，系统未分区； 2. 每单元每层设置1个双栓消火栓； 3. 室内消火栓设计流量20L/s，每根立管按10L/s设计，立管管径为$DN100$，则消防水泵扬程125m不满足最不利消火栓栓口所需的压力； 4. 自动喷水灭火系统的重力稳压管压力大于自喷主泵扬程，未设减压阀； 5. 自动喷水灭火系统消防水泵的扬程为40m，供水压力不满足最不利处喷头所需的压力。
相关标准	**《消防给水及消火栓系统技术规范》** 2.1.11 静水压力 static pressure 　　消防给水系统管网内水在静止时管道某一点的压力，简称静压。 5.3.3 稳压泵的设计压力应符合下列要求： 　　2 稳压泵的设计压力应保持系统自动启泵压力设置点处的压力在准工作状态时大于系统设置自动启泵压力值，且增加值宜为0.07MPa～0.10MPa； 　　3 稳压泵的设计压力应保持系统最不利点处水灭火设施在准工作状态时的静水压力应大于0.15MPa。 6.2.1 符合下列条件时，消防给水系统应分区供水： 　　2 消火栓栓口处静压大于1.0MPa。 7.4.6 室内消火栓的布置应满足同一平面有2支消防水枪的2股充实水柱同时达到任何部位的要求，但建筑高度小于或等于24.0m且体积小于或等于5000m³的多层仓库、建筑高度小于或等于54m且每单元设置一部疏散楼梯的住宅，以及本规范表3.5.2中规定可采用1支消防水枪的场所，可采用1支消防水枪的1股充实水柱到达室内任何部位。 8.1.3 向室外、室内环状消防给水管网供水的输水干管不应少于两条，当其中一条发生故障时，其余的输水干管应仍能满足消防给水设计流量。 **《自动喷水灭火系统设计规范》** 9.2.4 水泵扬程或系统入口的供水压力应按下式计算： $$H=(1.20\sim1.40)\sum P_p + P_0 + Z - h_c \qquad (9.2.4)$$ 式中：H——水泵扬程或系统入口的供水压力（MPa）； 　　　$\sum P_p$——管道沿程和局部水头损失的累计值（MPa），报警阀的局部水头损失应按照产品样本或检测数据确定。当无上述数据时，湿式报警阀取值0.04MPa、干式报警阀取值0.02MPa、预作用装置取值0.08MPa、雨淋报警阀取值0.07MPa、水流指示器取值0.02MPa； 　　　P_0——最不利点处喷头的工作压力（MPa）； 　　　Z——最不利点处喷头与消防水池的最低水位或系统入口管水平中心线之间的高程差，当系统入口管或消防水池最低水位高于最不利点处喷头时，Z应取负值（MPa）； 　　　h_c——从城市市政管网直接抽水时城市管网的最低水压（MPa）；当从消防水池吸水时，h_c取0。
问题解析	1.举例，如图1所示，平时消防稳压泵稳压在$P_{s1}\sim P_{s2}$间： 　　最低消火栓静压＝$h+P_{s1}\sim h+P_{s2}$ 　　平时稳压泵应保证系统最不利点处灭火设施的静水压力大于15m，因此本案例粗略估计最低处消火栓的静压≥15＋（75.0＋1.1）－（－17.8＋1.1）＝107.8（m）。因此本工程消火栓系统应分区。 　　分区是为减小整个消防给水系统平时的压力，管网、阀门、附件不承受过大压力，有利于系统的安全和寿命。减压稳压消火栓不能代替系统分区。

2. 2005年版《高层民用建筑设计防火规范》条款中规定双栓双出口消火栓使用范围为18层及以下单元式住宅或18层及以下、每层不超过8户、建筑面积不大于650m²的塔式住宅楼，以解决建筑满足2股水柱到达任何部位的消火栓布置难题。

《消防给水及消火栓系统技术规范》中无双栓双出口消火栓的相关条款，避免采用。

3. 每单元2根消火栓立管，当其中一根立管损坏或检修关闭时，另一根立管应能够满足全部的消火栓设计流量，立管的设计流量应为20L/s，当立管管径为$DN100$时，水头损失有所增加，消防水泵的扬程应核算。

核算步骤如下1：

见《消防给水及消火栓系统技术规范》第10.1节相关内容。

消防水泵或消防给水所需要的设计扬程或设计压力，宜按下式计算：

$$P = k_2 (\sum P_f + \sum P_p) + 0.01H + P_0$$

式中：P——消防水泵或消防给水系统所需要的设计扬程或设计压力（MPa）；

k_2——安全系数，可取1.20～1.40；宜根据管道的复杂程度和不可预见发生的管道变更所带来的不确定性；

H——当消防水泵从消防水池吸水时，H为最低有效水位至最不利水灭火设施的几何高差；当消防水泵从市政给水管网直接吸水时，H为火灾时市政给水管网在消防水泵入口处的设计压力值的高程至最不利点水灭火设施的几何高差（m）；

P_0——最不利点水灭火设施所需的设计压力（MPa）。

管道沿程水头损失宜按下式计算：

$$P_f = iL$$

式中：P_f——管道沿程水头损失（MPa）；

L——管道直线段的长度（m）。

消防给水管道为镀锌钢管时，单位长度管道沿程水头损失，可按下式计算：

$$i = 2.9660 \times 10^{-7} \left[\frac{q^{1.852}}{C^{1.852} d_i^{4.87}} \right]$$

式中：C——海澄-威廉系数，镀锌钢管$C = 120$；

q——管段消防给水设计流量（L/s）。

横干管$DN100$，计算内径为105mm，设计流量为20L/s，管长为200m，单位长度管道沿程水头损失$i = 0.063$：

$$P_{f1} = 200 \times 0.063 = 12.6 \text{（m）}$$

立管$DN100$，计算内径为105mm，设计流量为20L/s，管长为80m：

$$P_{f2} = 80 \times 0.063 = 5.04 \text{（m）}$$

所以$\sum P_f = P_{f1} + P_{f2} = 12.6 + 5.04 = 17.64$（m）

$\sum P_p$按$\sum P_f$的20%估算，安全系数取1.3，最不利消火栓栓口压力为35m，消防水池最低有效水位距最不利消火栓的几何高差为$9 + 76.1 = 85.1$（m），则室内消火栓泵设计扬程$P = 1.3 \times (17.64 \times 1.2) + 85.1 + 35 \approx 147.6$（m）。

4. 自动喷水灭火系统的消防水泵出口处的静压≥78.0＋10，高于其扬程40m，易导致消防水泵不启动或水泵空转，影响及时灭火。这类问题经常在高层住宅仅地下车库设有自动喷水灭火系统的项目设计中发现。

5. 地下车库自动喷水灭火系统的压力最不利喷头距消防水池最低水位的高差约为10m，预作用装置水头损失为8m，水流指示器水头损失为2m，水流指示器后供水压力一般至少为25m（需水力计算），粗略估计自动喷水灭火系统所需压力为45m，现消防水泵扬程40m须进一步核算，存在供水压力不足的问题。

类似的问题很常见，如图3所示，某地下商业自动喷水灭火系统为湿式系统，入口前设置减压阀，喷头与减压阀高差大约为9.9m，湿式报警阀水头损失为4m，水流指示器水头损失为2m，水流指示器后供水压力一般至少为25m（需水力计算），则减压阀后压力为0.30MPa，不满足要求。

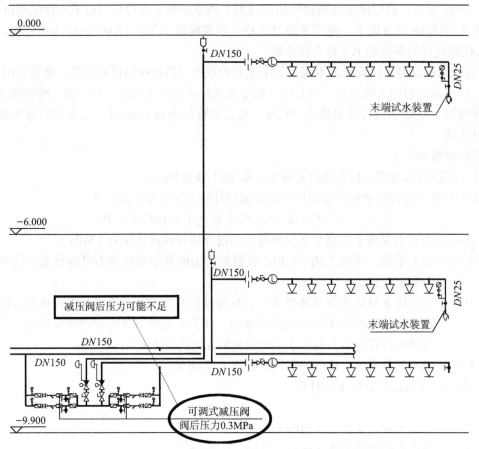

图 3 某地下商业建筑自动喷水灭火系统图（局部）

问题描述	**问题2　自动喷水灭火系统减压阀设置位置有误** 自动喷水灭火系统减压阀设置在报警阀后,如图1所示。 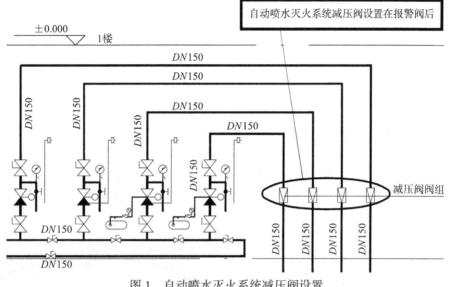 图1　自动喷水灭火系统减压阀设置
相关标准	**《消防给水及消火栓系统技术规范》** 8.3.4　减压阀的设置应符合下列规定: 　　1　减压阀应设置在报警阀组入口前,当连接两个及以上报警阀组时,应设置备用减压阀。 **《自动喷水灭火系统设计规范》** 9.3.5　减压阀的设置应符合下列规定: 　　1　应设在报警阀组入口前。
问题解析	自动喷水灭火系统减压阀设置在报警阀入口前,是为了保证系统可靠动作,除在报警阀出口管道和水流指示器入口前允许安装信号阀外,不得随意安装其他阀件。

	问题3 消防系统减压阀组的附件设置不符合规范要求 某消防水泵房消防系统减压阀组的附件设置有误,自动喷水灭火系统减压阀组的阀门未采用信号阀或设锁定阀位的锁具,如图1、图2所示。 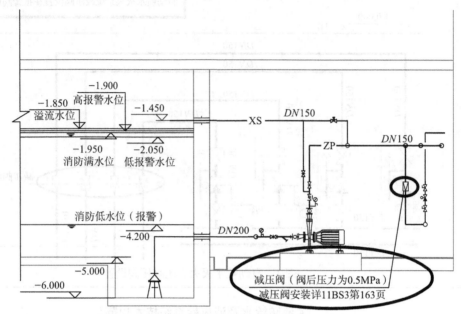 图1 某消防水泵房局部剖面图 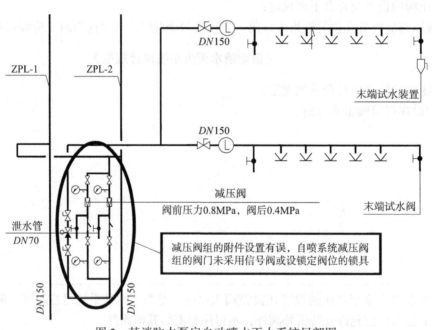 图2 某消防水泵房自动喷水灭火系统局部图
问题描述	

相关标准	《消防给水及消火栓系统技术规范》
	6.2.4 采用减压阀减压分区供水时应符合下列规定:
	  2 减压阀应根据消防给水设计流量和压力选择,且设计流量应在减压阀流量压力特性曲线的有效段内,并校核在150%设计流量时,减压阀的出口动压不应小于设计值的65%;
	  3 每一供水分区应设不少于两组减压阀组,每组减压阀组宜设置备用减压阀;

<table>
<tr><td rowspan="2">相关标准</td><td colspan="2">

7 减压阀后应设置安全阀，安全阀的开启压力应能满足系统安全，且不应影响系统的供水安全性。

8.3.4 减压阀的设置应符合下列规定：

2 减压阀的进口处应设置过滤器，过滤器的孔网直径不宜小于4目/cm^2～5目/cm^2，过流面积不应小于管道截面积的4倍；

3 过滤器和减压阀前后应设压力表，压力表的表盘直径不应小于100mm，最大量程宜为设计压力的2倍；

4 过滤器前和减压阀后应设置控制阀门；

5 减压阀后应设置压力试验排水阀；

6 减压阀应设置流量检测测试接口或流量计。

《自动喷水灭火系统设计规范》

10.1.4 当自动喷水灭火系统中设有2个及以上报警阀组时，报警阀组前应设环状供水管道。环状供水管道上设置的控制阀应采用信号阀；当不采用信号阀时，应设锁定阀位的锁具。
</td></tr>
</table>

<table>
<tr><td>问题解析</td><td>

图1中的减压阀安装详11BS3第163页是错误的，不完全满足《消防给水及消火栓系统技术规范》第6.2.4、第8.3.4条的各项要求，不适用在消防系统中。

减压阀应用于消防系统时，可按国家标准图集《消防给水及消火系统技术规范图示》15S909第84页的内容要求执行。

用于自动喷水灭火系统时，还应满足《自动喷水灭火系统设计规范》第10.1.4条的要求。报警阀组前环状供水管道上的阀门应采用信号阀或设锁定阀位的锁具，按国家标准图集《自动喷水灭火系统设计》19S910第87页、第55页内容执行。
</td></tr>
</table>

问题 4　高位消防水箱出水管设置不符合规范要求

1. 消防水箱重力出水管高于最低水位，如图1、图2所示。

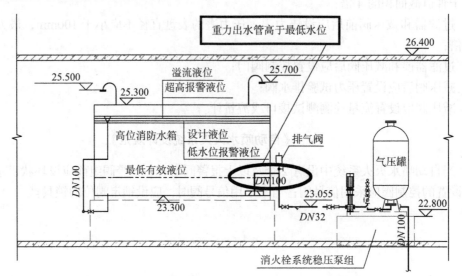

图1　消防水箱重力出水管高于最低水位大样剖面图

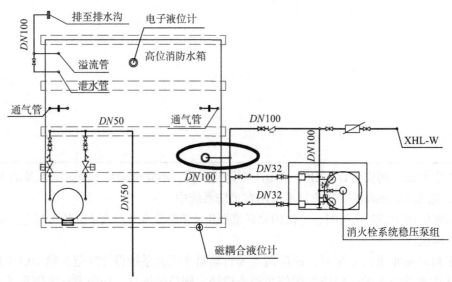

图2　消防水箱重力出水管高于最低水位大样平面图（一）

2. 消防水箱重力出水管上未设置止回阀，如图3所示。

问题描述	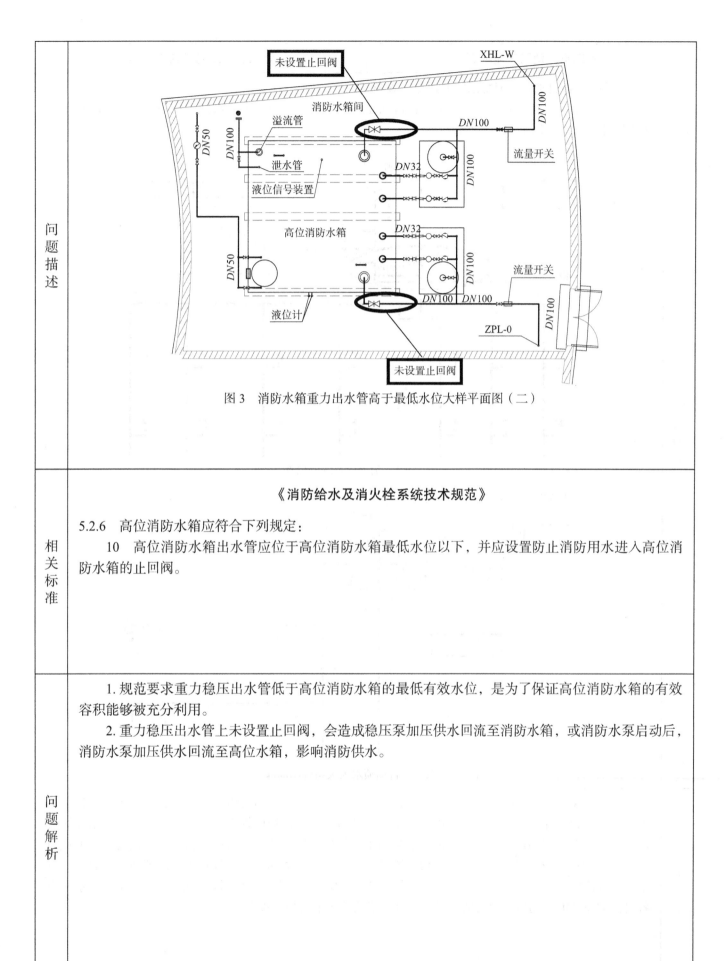图 3 消防水箱重力出水管高于最低水位大样平面图（二）
相关标准	**《消防给水及消火栓系统技术规范》** 5.2.6 高位消防水箱应符合下列规定： 　　10 高位消防水箱出水管应位于高位消防水箱最低水位以下，并应设置防止消防用水进入高位消防水箱的止回阀。
问题解析	1.规范要求重力稳压出水管低于高位消防水箱的最低有效水位，是为了保证高位消防水箱的有效容积能够被充分利用。 2.重力稳压出水管上未设置止回阀，会造成稳压泵加压供水回流至消防水箱，或消防水泵启动后，消防水泵加压供水回流至高位水箱，影响消防供水。

问题5　各自独立的消防系统共用稳压设备

消火栓系统、自动喷水灭火系统为各自独立系统，共用屋顶消防给水稳压设备，各系统的稳压管未设置止回阀，如图1、图2所示。

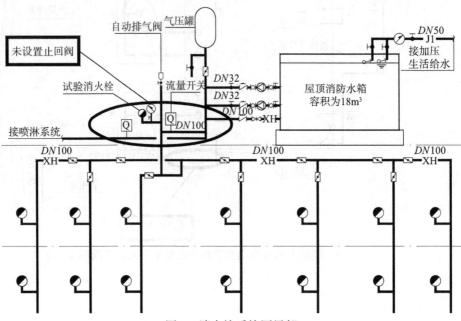

图1　消火栓系统图局部

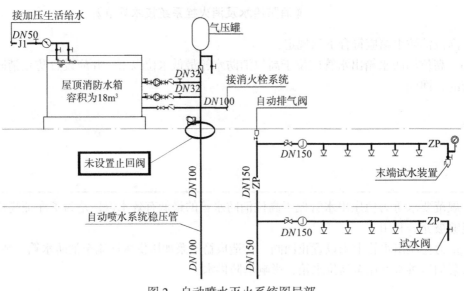

图2　自动喷水灭火系统图局部

消火栓系统、自动喷水灭火系统为各自独立系统，共用屋顶消防给水稳压设备的出水管与各系统连接，均未设置止回阀，将造成其中一个系统启动后供水通过稳压管串入另一个系统，影响系统的供水安全。同时，因为消防水泵通过消防水泵出水干管处的压力开关、高位水箱出水管处流量开关自动启动，共用稳压设备时，需要进一步梳理流量开关、压力开关如何控制各自系统的消防水泵启动，由于国家标准图集《消防给水稳压设备选用与安装》17S205中，没有消火栓系统、自动喷水灭火系统为各自独立系统时共用稳压设备的图示，所以不建议共用消防稳压设备。

| | 第二章 消防安全问题 | 第二节 消防系统及组件 |

问题6 消防系统流量开关设置位置有误

高位消防水箱出水管上的流量开关设置位置有误，如图1所示。

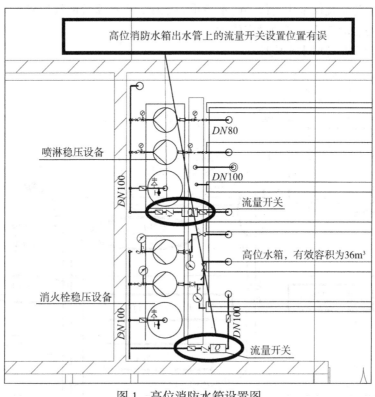

图1 高位消防水箱设置图

消防系统的流量开关仅设于高位消防水箱重力出水管上，稳压泵启动后的补水量不经过流量开关，火灾初期，系统产生出流量，流量开关的流量不能及时反映全部出流量，将造成消防水泵不能及时启动。因此应按国家标准图集《消防给水稳压设备选用与安装》17S205第5页内容的要求，流量开关设在稳压泵出水管与高位消防水箱出水管汇流后的总管上。

	第二章 消防安全问题		第二节 消防系统及组件

问题7 流量开关设定值及消火栓系统水平成环不符合规范要求

如图1、图2所示，某超高层建筑存在如下问题：

1. 低区的消防系统仅采用高位消防水箱重力稳压，低区系统的稳压管漏设流量开关；
2. 流量开关启动消防水泵的设定值1L/s；
3. 消火栓管道在各层水平成环。

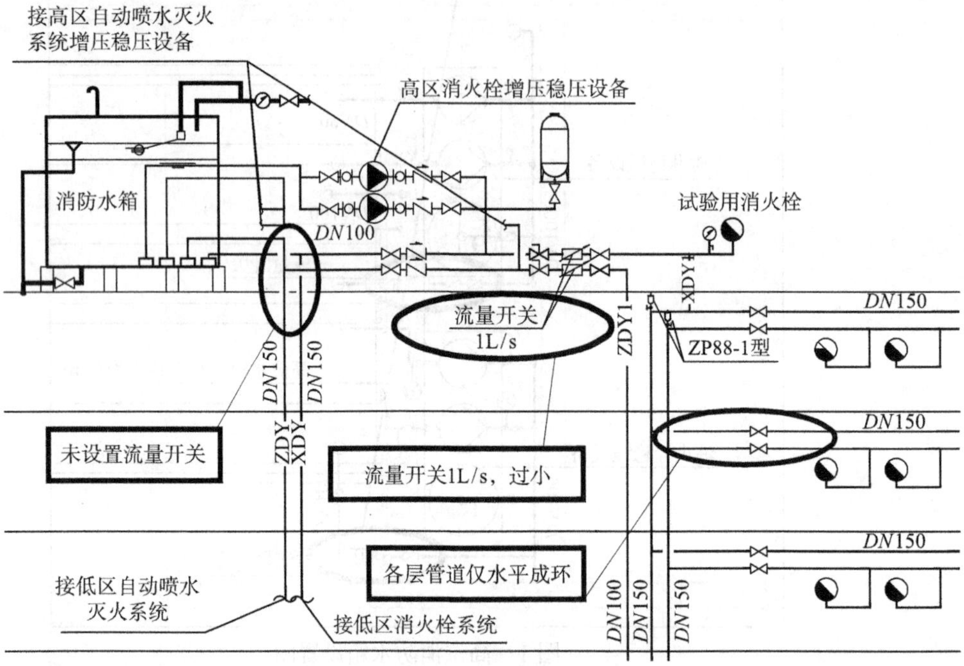

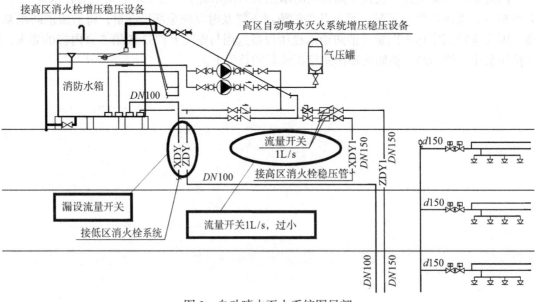

图1 消火栓系统图局部

图2 自动喷水灭火系统图局部

《消防给水及消火栓系统技术规范》

11.0.4 消防水泵应由消防水泵出水干管上设置的压力开关、高位消防水箱出水管上的流量开关，或报警阀压力开关等开关信号应能直接自动启动消防水泵。消防水泵房内的压力开关宜引入消防水泵控制柜内。

相关标准	**《自动喷水灭火系统设计规范》** 11.0.1 湿式系统、干式系统应由消防水泵出水干管上设置的压力开关、高位消防水箱出水管上的流量开关和报警阀组压力开关直接自动启动消防水泵。 **《消防给水及消火栓系统技术规范》** 5.3.2 稳压泵的设计流量应符合下列规定： 　　1 稳压泵的设计流量不应小于消防给水系统管网的正常泄漏量和系统自动启动流量； 　　2 消防给水系统管网的正常泄漏量应根据管道材质、接口形式等确定，当没有管网泄漏量数据时，稳压泵的设计流量宜按消防给水设计流量的1%～3%计，且不宜小于1L/s； 　　3 消防给水系统所采用报警阀压力开关等自动启动流量应根据产品确定。
问题解析	1. 稳压系统无稳压泵时，消防水泵与高位消防水箱约有百米的高差，其出水管处的压力开关难以灵敏感应到高位消防水箱约2m的水位变化，因此高位消防水箱出水管上的流量开关是非常必要的。应参照国家标准图集《自动喷水灭火系统设计》19S910 第23、26页中的图示及其提示设计。 2. 消火栓、自动喷水灭火系统的设计流量均为40L/s，系统管网的漏损量为0.4～1.2L/s，当流量开关启动消防水泵的设定值为1L/s时，易造成误报警启泵的问题，在实际工程管理中，管理人员为避免麻烦可能关闭自动启泵的功能，造成火灾时消防水泵不能及时启动的安全隐患。 　　消火栓系统，火灾初起时1支水枪出水约5L/s，如流量开关设定为3L/s，既可以补充平时管网的漏损，避免误报启泵，又能够及时在火灾初起时启泵灭火。而自动喷水灭火系统流量开关启动消防水泵的设定值，宜为1个喷头的流量＋系统的漏失量，系统的漏失量可根据系统大小按系统设计流量的1%～3%选择。参见国家标准图集19S910第18页的第3.5.3条内容。 3. 《消防给水及消火栓系统技术规范》中强调室内消火栓环状给水管道应竖管成环的要求，提出了保证检修管道时关闭停用的竖管数量的要求，取消了2006年版《建筑设计防火规范》中当室内消火栓管道水平成环时检修停止使用的消火栓数量不超过5个的内容。我们可以看到水平成环的系统，如果某一层消火栓或管道需要维修，则要关闭这一层的水平环管，火灾时这一层的消火栓均无法使用，危险隐患极大，为避免这种情况，每个消火栓均设有阀门，阀门大幅度增加，也增加了损坏及维修的概率，因此，建议室内消火栓管道尽量采用竖向成环的布置方式，不建议采用水平成环的形式，除非确有困难时，如人防或单层建筑。

第二章 消防安全问题	第二节 消防系统及组件

问题描述	**问题 8 未按规范要求设置消防水泵接合器** 需要设水泵接合器的消防系统未设置水泵接合器。

相关标准	**《建筑设计防火规范》**
	8.1.3 自动喷水灭火系统、水喷雾灭火系统、泡沫灭火系统和固定消防炮灭火系统等系统以及下列建筑的室内消火栓给水系统应设置消防水泵接合器：
	    1 超过 5 层的公共建筑；
	    2 超过 4 层的厂房或仓库；
	    3 其他高层建筑；
	    4 超过 2 层或建筑面积大于 10000m² 的地下建筑（室）。
	《消防给水及消火栓系统技术规范》
	5.4.1 下列场所的室内消火栓给水系统应设置消防水泵接合器：
	    1 高层民用建筑；
	    2 设有消防给水的住宅、超过五层的其他多层民用建筑；
	    3 超过 2 层或建筑面积大于 10000m² 的地下或半地下建筑（室）、室内消火栓设计流量大于 10L/s 平战结合的人防工程；
	    4 高层工业建筑和超过四层的多层工业建筑；
	    5 城市交通隧道。
	5.4.2 自动喷水灭火系统、水喷雾灭火系统、泡沫灭火系统和固定消防炮灭火系统等水灭火系统，均应设置消防水泵接合器。
	《汽车库、修车库、停车场设计防火规范》
	7.1.12 4 层以上的多层汽车库、高层汽车库和地下、半地下汽车库，其室内消防给水管网应设置水泵接合器。……
	《人民防空工程设计防火规范》
	7.5.1 当人防工程内消防用水总量大于 10L/s 时，应在人防工程外设置水泵接合器，并应设置室外消火栓。

问题解析	水泵接合器的设置在《建筑设计防火规范》《消防给水及消火栓系统技术规范》为强制性条文，相关规范的条文说明如下： **《建筑设计防火规范》** 第 8.1.3 条条文说明：本条为强制性条文。水泵接合器是建筑室外消防给水系统的组成部分，主要用于连接消防车，向室内消火栓给水系统、自动喷水或水喷雾等水灭火系统或设施供水。在建筑外墙上或建筑外墙附近设置水泵接合器，能更有效地利用建筑内的消防设施，节省消防员登高扑救、铺设水带的时间。因此，原则上，设置室内消防给水系统或设置自动喷水、水喷雾灭火系统、泡沫雨淋灭火系统等系统的建筑，都需要设置水泵接合器。但考虑到一些层数不多的建筑，如小型公共建筑和多层住宅建筑，也可在灭火时在建筑内铺设水带采用消防车直接供水，而不需设置水泵接合器。

问题解析	**《消防给水及消火栓系统技术规范》** 第5.4.1条、第5.4.2条条文说明：本条为强制性条文，必须严格执行。室内消防给水系统设置消防水泵接合器的目的是便于消防队员现场扑救火灾能充分利用建筑物内已经建成的水消防设施，一则可以充分利用建筑物内的自动水灭火设施，提高灭火效率，减少不必要的消防队员体力消耗；二则不必敷设水龙带，利用室内消火栓管网输送消火栓灭火用水，可以节省大量的时间，另外还可以减少水力阻力提高输水效率，以提高灭火效率；三则是北方寒冷地区冬季可有效减少消防车供水结冰的可能性。消防水泵接合器是水灭火系统的第三供水水源。 **《汽车库、修车库、停车场设计防火规范》** 第7.1.12条条文说明：本条规定了4层以上的多层汽车库、高层汽车库及地下汽车库、半地下汽车库要设置水泵接合器的要求，包括室内消火栓系统的水泵接合器和自动喷水灭火系统的水泵接合器。水泵接合器的主要作用是：① 一旦火场断电，消防泵不能工作时，由消防车向室内消防管道加压，代替固定泵工作；② 万一出现大面积火灾，利用消防车抽吸室外管道或水池的水，补充室内消防用水量。增加这种设备投资不大，但对扑灭汽车库火灾却很有利，具体要求是按照现行国家标准《消防给水及消火栓系统技术规范》GB 50974的有关规定制定的。目前国内公安消防队配备的车辆的供水能力完全可以直接扑救4层以下多层汽车库的火灾。因此，规定4层以下汽车库可不设置消防水泵接合器。 **《人民防空工程设计防火规范》** 第7.5.1条条文说明：水泵接合器是供消防车向室内消防给水管道临时补水的设备，对于大、中型平战结合人防工程，当室内消防用水量超过10L/s时，应在人防工程外设置水泵接合器，并应设置相应的室外消火栓，以保证消防车快速投入供水。

| 第二章 消防安全问题 | 第二节 消防系统及组件 |

问题 9　高大空间自动喷水灭火系统喷水强度、喷头间距、喷头流量系数未按规范要求确定

某科研办公楼自动喷水灭火系统按中危险级Ⅰ级设计，喷水强度为 6L/(min·m²)，设计流量为 30L/s，采用 K80 喷头。其宴会大厅地下一层与首层通高，净高大于 8m，喷头如图 1、图 2 所示。

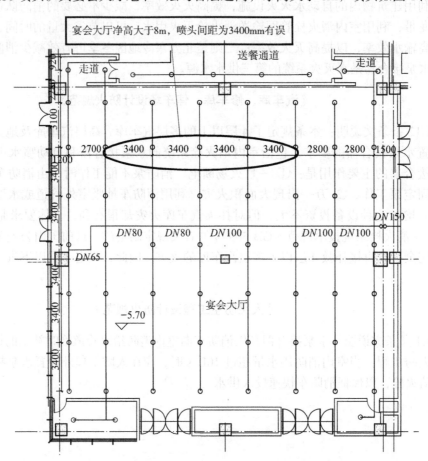

图 1　宴会大厅地下一层自动喷水灭火局部平面图

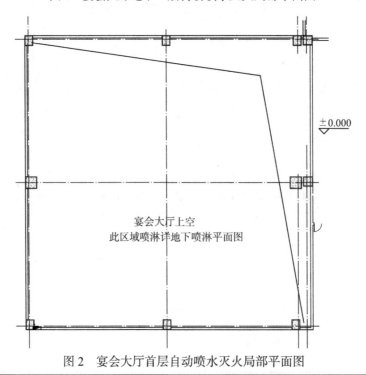

图 2　宴会大厅首层自动喷水灭火局部平面图

问题描述

64

相关标准	**《自动喷水灭火系统设计规范》** 5.0.2 民用建筑和厂房高大空间场所采用湿式系统的设计基本参数不应低于表 5.0.2 的规定。 表 5.0.2 民用建筑和厂房高大空间场所采用湿式系统的设计基本参数 	适用场所		最大净空高度 h(m)	喷水强度 [L/(min·m²)]	作用面积(m²)	喷头间距 S(m)
民用建筑	中庭、体育馆、航站楼等	$8 < h \leqslant 12$	12	160	$1.8 \leqslant S \leqslant 3.0$
		$12 < h \leqslant 18$	15		
	影剧院、音乐厅、会展中心等	$8 < h \leqslant 12$	15		
		$12 < h \leqslant 18$	20		
厂房	制衣制鞋、玩具、木器、电子生产车间等	$8 < h \leqslant 12$	15		
	棉纺厂、麻纺厂、泡沫塑料生产车间等		20		| 注：1 表中未列入的场所，应根据本表规定场所的火灾危险性类比确定。 2 当民用建筑高大空间场所的最大净空高度为 12m < h ≤ 18m 时，应采用非仓库型特殊应用喷头。 6.1.1 设置闭式系统的场所，洒水喷头类型和场所的最大净空高度应符合表 6.1.1 的规定；仅用于保护室内钢屋架等建筑构件的洒水喷头和设置货架内置洒水喷头的场所，可不受此表规定的限制。 表 6.1.1 洒水喷头类型和场所净空高度（局部） | 设置场所		喷头类型			场所净空高度 h(m)
		一只喷头的保护面积	响应时间性能	流量系数 K	
民用建筑	普通场所	标准覆盖面积洒水喷头	快速响应喷头 特殊响应喷头 标准响应喷头	$K \geqslant 80$	$h \leqslant 8$
		扩大覆盖面积洒水喷头	快速响应喷头	$K \geqslant 80$	
	高大空间场所	标准覆盖面积洒水喷头	快速响应喷头	$K \geqslant 115$	$8 < h \leqslant 12$
		非仓库型特殊应用喷头			
		非仓库型特殊应用喷头			$12 < h \leqslant 18$ |
---	---
问题解析	1. 办公楼、宴会厅为净高 8~12m 的高大空间场所，其自动喷水灭火系统不应和其他部位一样，按中危险级Ⅰ级、喷水强度为 6L/(min·m²) 设计，应按高大空间场所的设计参数设计，与中庭等可燃物较少的空间比较，更接近会展中心的火灾危险性，喷水强度应为 15L/(min·m²)，原设计流量为 30L/s 不满足要求。 2. 高大空间场所喷头布置的间距大于 3m 有误，应为 1.8~3m。 3. 宴会厅的高大空间场所，采用流量系数 $K = 80$ 的喷头不满足要求，应采用标准覆盖面积快速响应流量系数 $K = 115$ 的喷头。 4. 建议设计将喷头布置绘制在宴会大厅首层自动喷水灭火平面图中，避免对净空高度的疏漏。

问题10 仓库自动喷水灭火系统的喷头选型、喷头间距、设计流量不符合规范要求

某3层丙二类仓库，首层层高为7m，二、三层层高为3.5m，首层最大储物高度为6m，自动喷水灭火系统按仓库危险级Ⅰ级设计，喷水强度为18L/(min·m²)，作用面积为200m²，设计流量为70L/s，持续喷水时间为1.5h，采用流量系数 $K=80$ 的标准响应扩大覆盖面积喷头，直立安装。仓库首层喷头平面布置图如图1所示。

图1 仓库首层喷头平面布置图

《自动喷水灭火系统设计规范》

6.1.1 设置闭式系统的场所，洒水喷头类型和场所的最大净空高度应符合表6.1.1的规定；仅用于保护室内钢屋架等建筑构件的洒水喷头和设置货架内置洒水喷头的场所，可不受此表规定的限制。

表6.1.1 洒水喷头类型和场所净空高度

设置场所		喷头类型			场所净空高度 h(m)
		一只喷头的保护面积	响应时间性能	流量系数 K	
民用建筑	普通场所	标准覆盖面积洒水喷头	快速响应喷头 特殊响应喷头 标准响应喷头	$K \geqslant 80$	$h \leqslant 8$
		扩大覆盖面积洒水喷头	快速响应喷头	$K \geqslant 80$	
	高大空间场所	标准覆盖面积洒水喷头	快速响应喷头	$K \geqslant 115$	$8 < h \leqslant 12$
		非仓库型特殊应用喷头			
		非仓库型特殊应用喷头			$12 < h \leqslant 18$
厂房		标准覆盖面积洒水喷头	特殊响应喷头 标准响应喷头	$K \geqslant 80$	$h \leqslant 8$
		扩大覆盖面积洒水喷头		$K \geqslant 80$	
		标准覆盖面积洒水喷头	特殊响应喷头 标准响应喷头	$K \geqslant 115$	$8 < h \leqslant 12$
		非仓库型特殊应用喷头			
仓库		标准覆盖面积洒水喷头	特殊响应喷头 标准响应喷头	$K \geqslant 80$	$h \leqslant 9$
		仓库型特殊应用喷头			$h \leqslant 12$
		早期抑制快速响应喷头			$h \leqslant 13.5$

相关标准	7.1.2 直立型、下垂型标准覆盖面积洒水喷头的布置，包括同一根配水支管上喷头的间距及相邻配水支管的间距，应根据设置场所的火灾危险等级、洒水喷头类型和工作压力确定，并不应大于表 7.1.2 的规定，且不应小于 1.8m。 表 7.1.2　直立型、下垂型标准覆盖面积洒水喷头的布置 | 火灾危险等级	正方形布置的边长（m）	矩形或平行四边形布置的长边边长（m）	一只喷头的最大保护面积（m²）	喷头与端墙的距离（m） 最大	喷头与端墙的距离（m） 最小
轻危险级	4.4	4.5	20.0	2.2	0.1
中危险级Ⅰ级	3.6	4.0	12.5	1.8	0.1
中危险级Ⅱ级	3.4	3.6	11.5	1.7	0.1
严重危险级、仓库危险级	3.0	3.6	9.0	1.5	0.1 | 注：1　设置单排洒水喷头的闭式系统，其洒水喷头间距应按地面不留漏喷空白点确定。 　　2　严重危险级或仓库危险级场所宜采用流量系数大于 80 的洒水喷头。 9.1.1　系统最不利点处喷头的工作压力应计算确定，喷头的流量应按下式计算： $$q=K\sqrt{10P} \qquad (9.1.1)$$ 式中：q——喷头流量（L/min）； 　　　P——喷头工作压力（MPa）； 　　　K——喷头流量系数。
---	---
问题解析	仓库净高不大于 9m 时，应采用标准覆盖面积洒水喷头，不应采用扩大覆盖面积喷头。仓库危险级喷头布置时，一只喷头的最大保护面积为 9m²，图 1 中喷头布置间距为 3.55m×3.55m，不满足要求，因此需要重新修改喷头间距。 　　1. 当按一只喷头保护面积 9m²，喷水强度 18L/（min·m²）设计时，喷头的流量系数估算如下： 　　一只喷头的流量 $q = 9×18 = 162$（L/min） 　　喷头流量系数为 80 时，喷头所需的工作压力 P 约为 0.41MPa。 　　喷头流量系数为 115 时，喷头所需的工作压力 P 约为 0.20MPa。 　　所以建议采用流量系数 $K = 115$ 的喷头。 　　2. 自动喷水灭火系统的设计流量为 70L/s，可能不够，应按 200m² 作用面积内喷头的总流量确定，而且作用面积内任意 4 只喷头围合范围的平均喷水强度要满足 18L/（min·m²），需根据修改后的喷头布局进行计算校核。

问题描述	**问题11 消防系统的报警阀、减压阀、自动喷水灭火系统末端的试验排水设施未按规范要求设置** 消防系统的报警阀、减压阀的试验排水设施,以及自动喷水灭火系统末端试水的排水设施未设置或不符合要求,如图1所示。 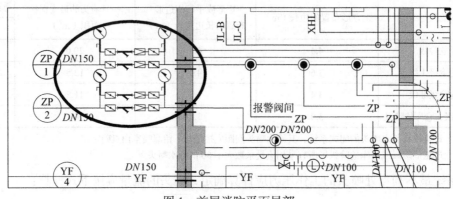 图1 首层消防平面局部
相关标准	**《消防给水及消火栓系统技术规范》** 9.3.1 消防给水系统试验装置处应设置专用排水设施,排水管径应符合下列规定: 1 自动喷水灭火系统等自动水灭火系统末端试水装置处的排水立管管径,应根据末端试水装置的泄流量确定,并不宜小于$DN75$; 2 报警阀处的排水立管宜为$DN100$; 3 减压阀处的压力试验排水管道直径应根据减压阀流量确定,但不应小于$DN100$。 8.3.4 减压阀的设置应符合下列规定: 5 减压阀后应设置压力试验排水阀。 **《自动喷水灭火系统设计规范》** 6.5.2 末端试水装置应由试水阀、压力表以及试水接头组成。试水接头出水口的流量系数,应等同于同楼层或防火分区内的最小流量系数洒水喷头。末端试水装置的出水,应采取孔口出流的方式排入排水管道,排水立管宜设伸顶通气管,且管径不应小于75mm。
问题解析	消防给水系统的减压阀因不经常使用,常经过一段时间后,产生渗漏会导致其前后压力差减小,因此减压阀的维护管理要求每月对减压阀组进行一次放水试验,并检测和记录减压阀前后的压力,当不符合设计值时要调试和维修以保证减压阀前后压力差符合设计要求;另外须每年对减压阀的流量和压力进行一次试验,测试其性能是否满足要求。因此减压阀的排水试验管道及其排水设施是非常必要的。 图1中自动喷水灭火系统的报警阀间未见排水设施,另外减压阀不应设于室外,减压阀直接覆土或设于阀门井内,不便日常管理,应就近设于报警阀间,以便利用报警阀间的排水设施。 做法可参考国家标准图集《消防给水及消火栓系统技术规范图示》15S909第84、86页。

	第二章 消防安全问题	第二节 消防系统及其组件

问题描述	**问题 12** 预作用系统未按规范要求设置排气阀、采用的喷头不符合规范要求 1. 预作用系统设置空压机，配水管道顶部设置自动排气阀，如图 1 所示； 2. 预作用系统采用普通下垂型喷头，如图 1 所示。 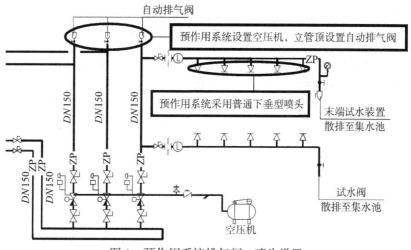 图 1 预作用系统排气阀、喷头设置
相关标准	**《自动喷水灭火系统设计规范》** 4.3.2 自动喷水灭火系统应有下列组件、配件和设施： 　4 干式系统和预作用系统的配水管道应设快速排气阀。有压充气管道的快速排气阀入口前应设电动阀。 6.1.4 干式系统、预作用系统应采用直立型洒水喷头或干式下垂型洒水喷头。
问题解析	图 1 中的预作用系统采用的是充气单连锁控制方式，即仅由火灾自动报警系统直接控制预作用装置，系统设置空压机，是为了利用有压气体检测预作用装置后的配水管道是否严密，一般配水管道内的气压值为 0.03~0.05MPa。如配水管道顶部设置自动排气阀，系统内的气压就无法保持。 　　在火灾时，预作用装置开启，为迅速向管网充水，须设置快速排气阀，尽快排出配水管道内的空气。快速排气阀前应设置电动阀，平时常闭，在火灾时，系统开始充水时打开。 　　采用普通下垂型喷头，在系统灭火或维修后，连接喷头的短立管中存有的积水难以被排除，如使用在需要防冻或严禁管道充水的场所，会造成系统无法工作。 　　正确的方案如图 2 所示。 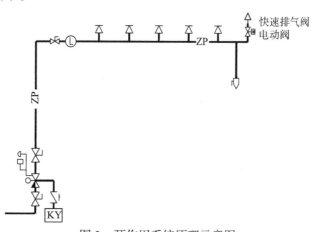 图 2 预作用系统原理示意图

	第二章 消防安全问题	第二节 消防系统及其组件
问题描述	**问题 13　电气房间未对设置的二氧化碳灭火器提出具体要求** 变配电室虽然设置了二氧化碳灭火器，但是未对灭火器提出具体要求。	
相关标准	《建筑灭火器配置设计规范》 4.2.5　E类火灾场所应选择磷酸铵盐干粉灭火器、碳酸氢钠干粉灭火器、卤代烷灭火器或二氧化碳灭火器，但不得选用装有金属喇叭喷筒的二氧化碳灭火器。	
问题解析	变配电室在火灾燃烧时可能不及时断电，发生带电火灾，二氧化碳灭火器的金属喇叭喷筒达不到电绝缘性能要求，易造成不必要的电击伤人或设备事故，因此，不得选用装有金属喇叭喷筒的二氧化碳灭火器。	

	第二章 消防安全问题	第二节 消防系统及组件
问题描述	**问题 14 通信机房和电子计算机房等七氟丙烷气体灭火系统设计喷放时间有误** 通信机房采用七氟丙烷气体灭火系统，设计喷放时间为 10s。	
相关标准	《气体灭火系统设计规范》 3.3.7 在通讯机房和电子计算机房等防护区，设计喷放时间不应大于 8s；在其他防护区，设计喷放时间不应大于 10s。	
问题解析	相关规范对灭火剂的喷放时间有明确规定。七氟丙烷在高温下产生的分解物可能具有危害性，分解物主要是氟，在有氢元素存在的情况下会成为具有辛辣气味的氟化氢，即使浓度很小，也会给人造成很大程度的不适和伤害。分解物的多少取决于火势的大小和七氟丙烷接触到火或受热面的时间长短，若灭火剂浓度积累很快达到灭火浓度，那么火很快被扑灭，分解物会很少。氟化氢与空气中的水蒸气结合形成氢氟酸，还会对精密设备造成浸蚀损害，因此规范针对通信机房、电子计算机房等经常有人员工作的防护区，特别要求设计喷放时间不应大于 8s。 　　施工图中应明确通信机房、电子计算机房等防护区的设计参数，为保证设计喷放时间不大于 8s，如采用七氟丙烷组合分配系统，离储瓶间较远的防护区，可采用氮气增压三级 5.6MPa 输送，在二次深化中，七氟丙烷的储存容积的充装量、系统喷头的工作压力等均应相应满足。	

	第二章 消防安全问题	第二节 消防系统及组件
问题描述	**问题 15　气体灭火防护区未按规范要求设置泄压口** 1. 设置 IG541 气体灭火系统的防护区，未设置泄压口，如图 1 所示。 2. 七氟丙烷气体灭火系统防护区的泄压口标高有误。 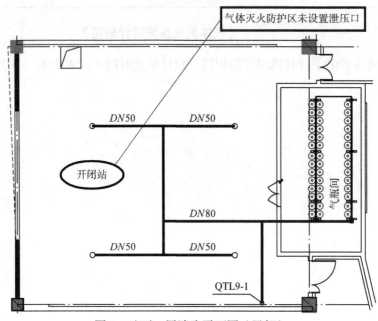 图 1　地下一层消防平面图（局部）	
相关标准	《气体灭火系统设计规范》 3.2.7　防护区应设置泄压口，七氟丙烷灭火系统的泄压口应位于防护区净高的 2/3 以上。	
问题解析	1. 七氟丙烷气体灭火系统和 Ig541 气体灭火系统的防护区均需要设置泄压口。因为将气体灭火剂喷入防护区内，会显著地增加防护区内的压力，如果没有适当的泄压口，防护区的围护结构将可能承受不起增长的压力而遭破坏。 2. 因七氟丙烷灭火剂比空气重，为了减少灭火剂从泄压口流失，泄压口下沿应位于防护区净高的 2/3 以上。 施工图中气体灭火系统设计应明确相关设计参数，以满足业主的招标要求，并对二次深化图纸提出技术及控制要求，应预留土建条件，如满足围护结构的强度、预留泄压口位置等，二次深化图纸可在业主招标后完成。	

| 第二章 消防安全问题 | 第三节 消防设施的平面布置 |

问题1　室内消火栓、灭火器的设置不满足规范规定的保护距离要求

1. 某住宅楼商业服务网点与住宅楼梯间不连通，仅在住宅楼梯间设有消火栓箱，商业服务网点未设置消火栓及灭火器，如图1所示。

2. 高层商业综合体地下室有后勤办公室，室内消火栓、灭火器保护范围不够，如图2所示。

问题描述

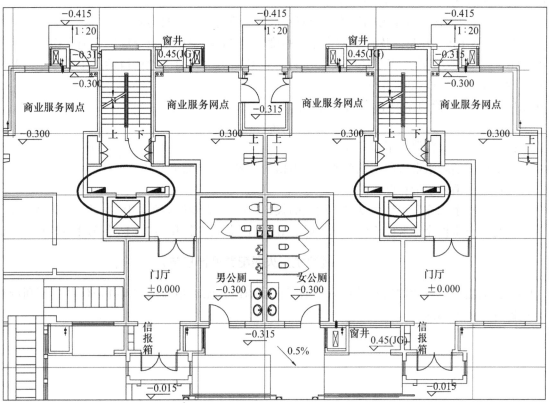

图1　某住宅楼首层消防平面局部

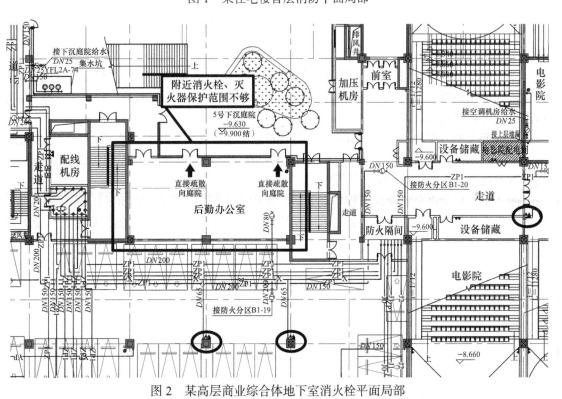

图2　某高层商业综合体地下室消火栓平面局部

73

《消防给水及消火栓系统技术规范》

7.4.6 室内消火栓的布置应满足同一平面有2支消防水枪的2股充实水柱同时达到任何部位的要求，但建筑高度小于或等于24.0m且体积小于或等于5000m³的多层仓库、建筑高度小于或等于54m且每单元设置一部疏散楼梯的住宅，以及本规范表3.5.2中规定可采用1支消防水枪的场所，可采用1支消防水枪的1股充实水柱到达室内任何部位。

7.4.12 室内消火栓栓口压力和消防水枪充实水柱，应符合下列规定：

  2 高层建筑、厂房、库房和室内净空高度超过8m的民用建筑等场所，消火栓栓口动压不应小于0.35MPa，且消防水枪充实水柱应按13m计算；其他场所，消火栓栓口动压不应小于0.25MPa，且消防水枪充实水柱应按10m计算。

10.2.1 室内消火栓的保护半径可按下式计算：

$$R_0 = k_3 L_d + L_s \tag{10.2.1}$$

式中：R_0——消火栓保护半径（m）；

　　　k_3——消防水带弯曲折减系数，宜根据消防水带转弯数量取0.8～0.9；

　　　L_d——消防水带长度（m）；

　　　L_s——水枪充实水柱长度在平面上的投影长度。按水枪倾角为45°时计算，取$0.71S_k$（m）；

　　　S_k——水枪充实水柱长度，按本规范第7.4.12条第2款和第7.4.16条第2款的规定取值（m）。

《建筑灭火器配置设计规范》

7.1.3 灭火器设置点的位置和数量应根据灭火器的最大保护距离确定，并应保证最不利点至少在1具灭火器的保护范围内。

图1中，因为商业服务网点无法借用住宅楼梯间内的消火栓，所以在商业服务网点应单独设置消火栓，保证至少有一股消火栓充实水柱到达商业服务网点室内任何部位，并宜设置在商业服务网点入口附近，灭火器同理设置。

室内消火栓的保护半径＝消防水龙带有效长度＋水枪充实水柱长度在平面上的投影长度。

消防水龙带有效长度是（0.8～0.9）×25m＝20～22.5m（根据消防水带的转弯数量确定消防水带弯曲折减系数是0.8或0.9），应为步行距离。

图2中，后勤办公室面向下沉广场开门，室内消火栓距后勤办公室的门口步行距离均超过22.5m，因此，应在后勤办公或附近的公共走道增设消火栓，并在后勤办公室内的门口附近增设灭火器。

| 第二章 消防安全问题 | 第三节 消防设施的平面布置 |

问题 2　消防电梯前室未设置消火栓

消防电梯前室未设置消火栓，首层、二层、标准层消火栓设置平面图，如图1～图3所示。

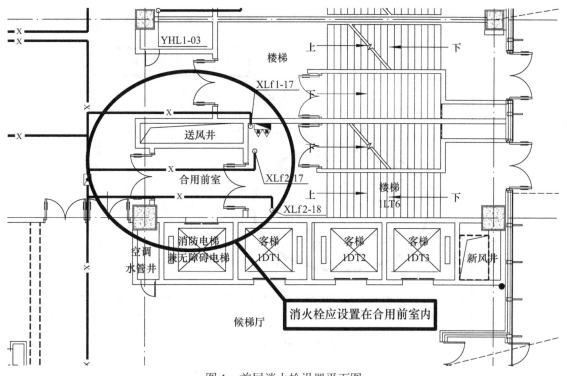

图1　首层消火栓设置平面图

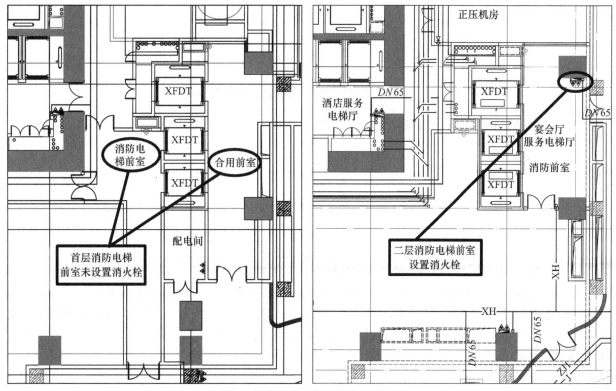

图2　首层和二层消火栓设置平面图

问题描述	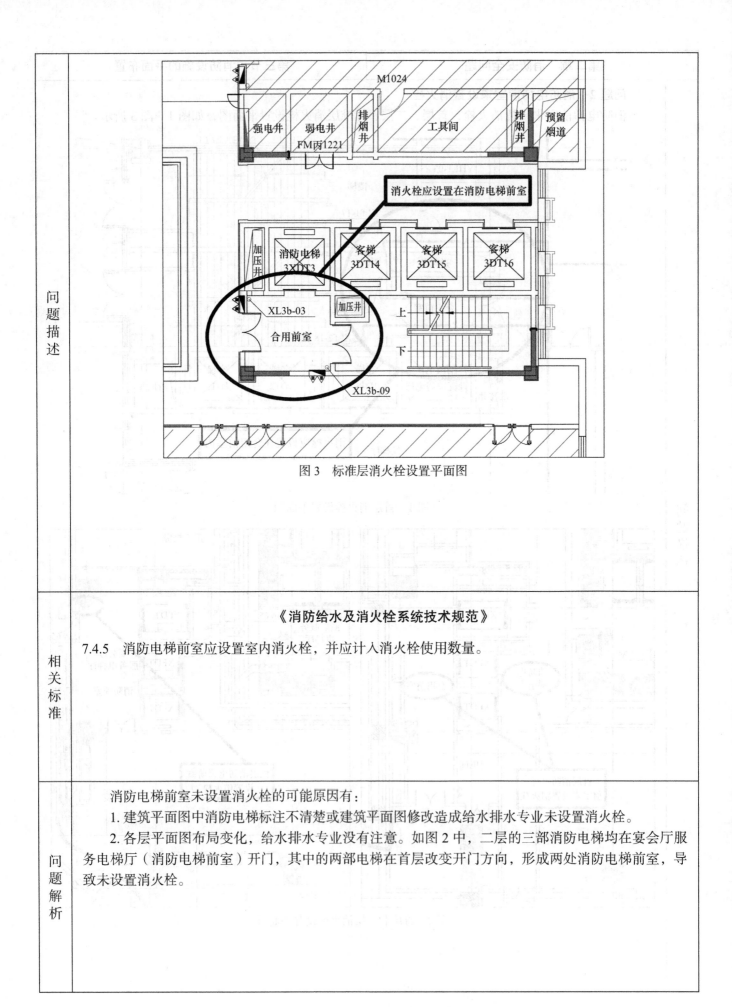 图3 标准层消火栓设置平面图
相关标准	《消防给水及消火栓系统技术规范》 7.4.5 消防电梯前室应设置室内消火栓，并应计入消火栓使用数量。
问题解析	消防电梯前室未设置消火栓的可能原因有： 1. 建筑平面图中消防电梯标注不清楚或建筑平面图修改造成给水排水专业未设置消火栓。 2. 各层平面图布局变化，给水排水专业没有注意。如图2中，二层的三部消防电梯均在宴会厅服务电梯厅（消防电梯前室）开门，其中的两部电梯在首层改变开门方向，形成两处消防电梯前室，导致未设置消火栓。

	第二章 消防安全问题	第三节 消防设施的平面布置
问题描述	**问题3 消火栓、灭火器设置位置不明显，不易被取用** 人防层消火栓平面图局部如图1、图2所示。 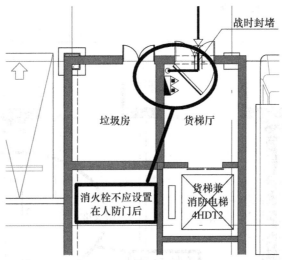 图1 人防层消火栓平面图局部（一） 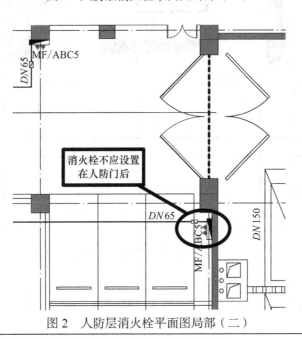 图2 人防层消火栓平面图局部（二）	
相关标准	**《消防给水及消火栓系统技术规范》** 7.4.7 建筑室内消火栓的设置位置应满足火灾扑救要求，并应符合下列规定： 　　1 室内消火栓应设置在楼梯间及其休息平台和前室、走道等明显易于取用，以及便于火灾扑救的位置。 **《建筑灭火器配置设计规范》** 5.1.1 灭火器应设置在位置明显和便于取用的地点，且不得影响安全疏散。	
问题解析	人防的防护门平时处于常开状态，消火栓、灭火器设置在门后被遮挡，不明显，不易被取用。	

问题 4 边墙型标准覆盖面积喷头保护距离及喷头间距不符合规范要求

某高层酒店客房宽度为 4.2m，客房内自动喷水灭火系统采用边墙型标准覆盖面积喷头，单排布置，喷头间距为 3.2m，如图1所示。

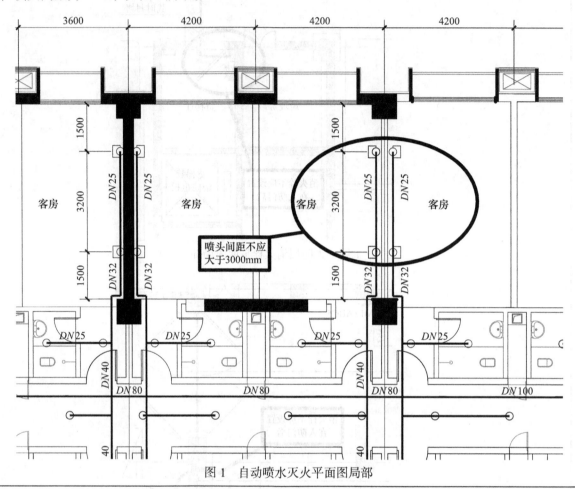

图1 自动喷水灭火平面图局部

《自动喷水灭火系统设计规范》

3.0.2 设置场所的火灾危险等级，应根据其用途、容纳物品的火灾荷载及室内空间条件等因素，在分析火灾特点和热气流驱动洒水喷头开放及喷水到位的难易程度后确定，设置场所应按本规范附录A进行分类。

7.1.3 边墙型标准覆盖面积洒水喷头的最大保护跨度与间距，应符合表7.1.3的规定。

表7.1.3 边墙型标准覆盖面积洒水喷头的最大保护跨度与间距

火灾危险等级	配水支管上喷头的最大间距（m）	单排喷头的最大保护跨度（m）	两排相对喷头的最大保护跨度（m）
轻危险级	3.6	3.6	7.2
中危险级Ⅰ级	3.0	3.0	6.0

注：1. 两排相对洒水喷头应交错布置；
2. 室内跨度大于两排相对喷头的最大保护跨度时，应在两排相对喷头中间增设一排喷头。

根据《自动喷水灭火系统设计规范》附录A，高层酒店的自动喷水灭火系统应按火灾危险等级中危险级Ⅰ级设计，边墙型标准覆盖面积喷头单排喷头最大保护跨度为3m，当客房宽度约4.2m时，喷头单排布置不能满足保护要求，同时喷水支管上的喷头间距为3.2m，不符合规范中不大于3m的要求。

问题 5 边墙型扩大覆盖面积喷头保护房间的喷水强度不满足规范要求

某高层酒店客房采用流量系数 $K=80$ 的边墙型扩大覆盖面积喷头，如图 1 所示，其中客房 22 房间尺寸为 6.78m×5.10m，客房 23 房间尺寸为 5.55m×5.66m。

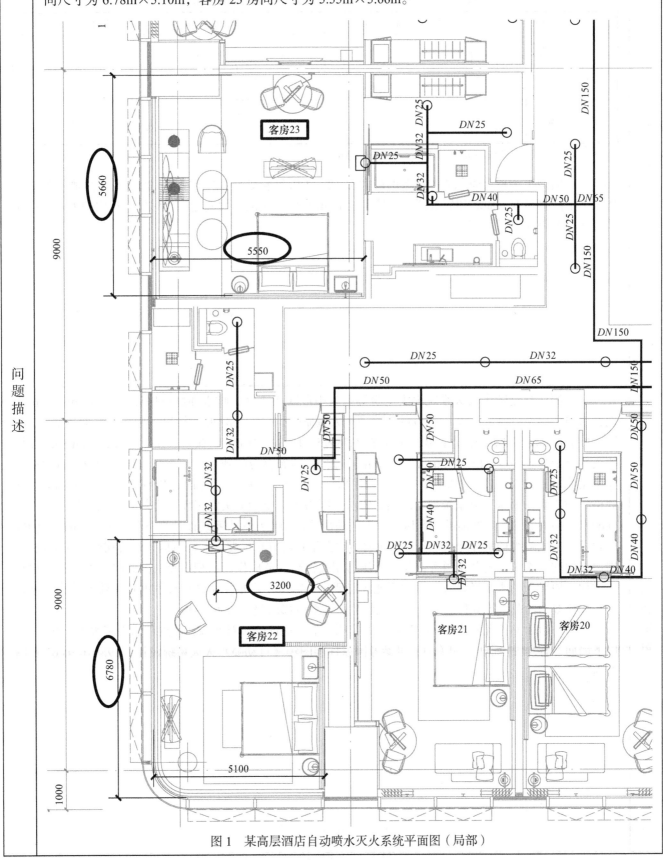

图 1 某高层酒店自动喷水灭火系统平面图（局部）

相关标准	**《自动喷水灭火系统设计规范》** 5.0.1 民用建筑和厂房采用湿式系统时的设计基本参数不应低于表5.0.1的规定。 表 5.0.1 民用建筑和厂房采用湿式系统的设计基本参数 | 火灾危险等级		最大净空高度 h (m)	喷水强度 [L/(min·m²)]	作用面积 (m²)
轻危险级		h≤8	4	160
中危险级	Ⅰ级		6	160
	Ⅱ级		8	
严重危险级	Ⅰ级		12	260
	Ⅱ级		16	| 注：系统最不利点处洒水喷头的工作压力不应低于0.05MPa。 7.1.5 边墙型扩大覆盖面积洒水喷头的最大保护跨度和配水支管上的洒水喷头间距，应按洒水喷头工作压力下能够喷湿对面墙和邻近端墙距溅水盘1.2m高度以下的墙面确定，且保护面积内的喷水强度应符合本规范表5.0.1的规定。
---	---
问题解析	高层酒店自动喷水灭火系统火灾危险等级为中危险级Ⅰ级，喷水强度应保证为6 L/(min·m²)，现客房内采用一只流量系数 $K=80$ 的边墙型扩大覆盖面积喷头。例如客房22的喷头距右侧边墙3.2m，距前方墙6.78m，喷头的覆盖面积应满足 $S=6.78×5.10=34.58(m^2)$，在喷水强度为6 L/(min·m²)时，喷头的流量为 $q=6×34.58=207.47$ (L/min)，按照 $q=K\sqrt{10P}$，则喷头工作压力应达到 $P=0.67$MPa，如采用流量系数 $K=115$ 的边墙型扩大覆盖面积喷头，则其工作压力应满足 $P=0.33$MPa，采用这两种规格的喷头自动喷水灭火系统均无法满足要求。因为客房末端喷头的工作压力与其至水流指示器入口处的水头损失之和，即所需的供水压力，无法满足《自动喷水灭火系统设计规范》第8.0.7条规定的轻危险级、中危险级场所各配水管入口的压力不宜大于0.40MPa的要求，而且因末端客房喷头压力较大，周边卫生间、玄关、公共走道等部位喷头压力相应提高，造成作用面积内喷头同时喷水的总流量也相应增加，原设计的水泵扬程及流量均不能满足要求，需进一步根据生产厂提供的喷头流量特性、洒水分布和喷湿墙面范围等资料水力计算，调整喷头类型或修改喷头布置方式。 　　当采用边墙型扩大覆盖面积喷头时，工作压力下应保证喷湿对面墙和邻近端墙距溅水盘1.2m高度以下墙面，客房23同理，相关内容可参考国家标准图集《自动喷水灭火系统设计》19S910第67页图的内容。

| 第二章 消防安全问题 | 第三节 消防设施的平面布置 |

问题 6　高层建筑内的中庭回廊自动喷水灭火系统及中庭防火分隔应注意的问题

问题描述

某高层商业建筑共有七层，中庭在七层顶部设置大空间灭火装置保护，中庭在六层、七层增加的回廊部分未设喷头，五层～七层自动喷水灭火平面图如图1～图3所示。

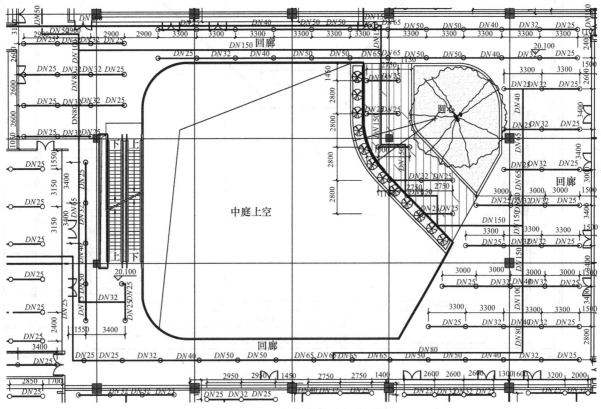

图 1　五层自动喷水灭火平面图

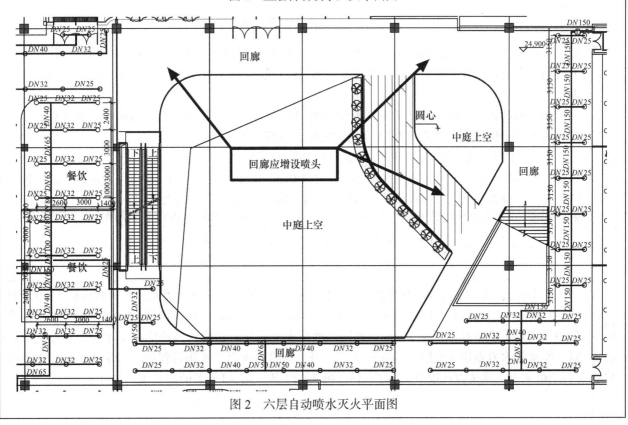

图 2　六层自动喷水灭火平面图

<table>
<tr><td rowspan="2">问题描述</td><td>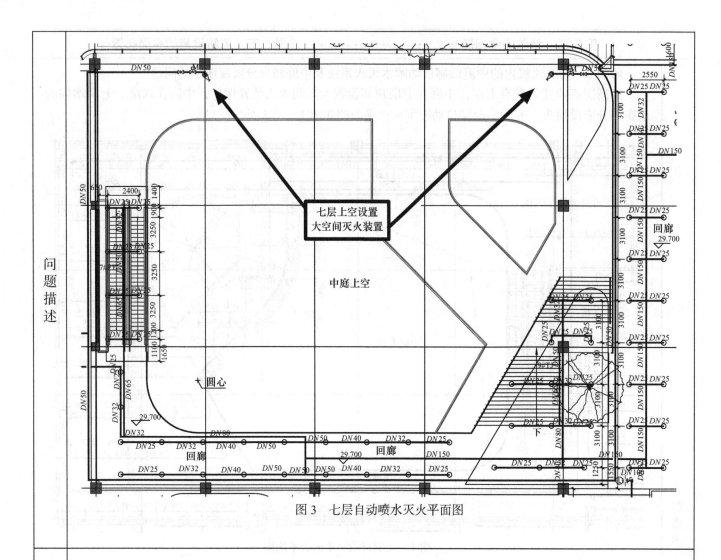</td></tr>
<tr><td>图3 七层自动喷水灭火平面图</td></tr>
<tr><td rowspan="2">相关标准</td><td>《建筑设计防火规范》</td></tr>
<tr><td>5.3.2 建筑内设置自动扶梯、敞开楼梯等上、下层相连通的开口时，其防火分区的建筑面积应按上、下层相连通的建筑面积叠加计算；当叠加计算后的建筑面积大于本规范第5.3.1条的规定时，应划分防火分区。

建筑内设置中庭时，其防火分区的建筑面积应按上、下层相连通的建筑面积叠加计算；当叠加计算后的建筑面积大于本规范第5.3.1条的规定时，应符合下列规定：

1 与周围连通空间应进行防火分隔：采用防火隔墙时，其耐火极限不应低于1.00h；采用防火玻璃墙时，其耐火隔热性和耐火完整性不应低于1.00h。采用耐火完整性不低于1.00h的非隔热性防火玻璃墙时，应设置自动喷水灭火系统进行保护；采用防火卷帘时，其耐火极限不应低于3.00h，并应符合本规范第6.5.3条的规定；与中庭相连通的门、窗，应采用火灾时能自行关闭的甲级防火门、窗；

2 高层建筑内的中庭回廊应设置自动喷水灭火系统和火灾自动报警系统。</td></tr>
<tr><td>问题解析</td><td>1. 中庭大空间灭火装置因回廊部位的遮挡，不能保护全部中庭，因此，在回廊楼板下应增设喷头。
2. 中庭与周围商业分隔的防火墙、防火玻璃墙、防火卷帘、防火门等均应满足规范要求。当防火分隔采用耐火完整性不低于1.00h的非隔热性防火玻璃墙时，建筑专业应向给水排水专业提供设计资料，给水排水专业应为非隔热的防火玻璃增设自动喷水灭火系统进行保护。可采用防护冷却系统并按《自动喷水灭火系统设计规范》第5.0.15、第7.1.17条、第9.1.4条的相关规定设计。</td></tr>
</table>

	第二章 消防安全问题	第三节 消防设施的平面布置

问题 7　高大空间自动喷水灭火系统喷头间距有误

商业综合体内的影厅净高为 11m，自动喷水灭火系统的喷头间距超过 3m，如图 1 所示。

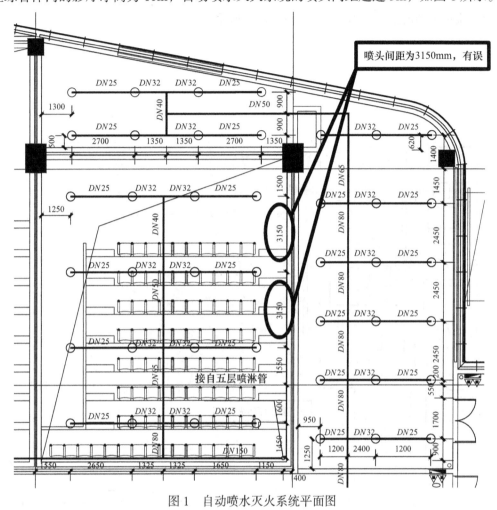

图 1　自动喷水灭火系统平面图

《自动喷水灭火系统设计规范》

5.0.2　民用建筑和厂房高大空间场所采用湿式系统的设计基本参数不应低于表 5.0.2 的规定。

表 5.0.2　民用建筑和厂房高大空间场所采用湿式系统的设计基本参数

适用场所		最大净空高度 h（m）	喷水强度 [L/(min·m²)]	作用面积（m²）	喷头间距 S（m）
民用建筑	中庭、体育馆、航站楼等	$8<h\leqslant12$	12	160	$1.8\leqslant S\leqslant3.0$
		$12<h\leqslant18$	15		
	影剧院、音乐厅、会展中心等	$8<h\leqslant12$	15		
		$12<h\leqslant18$	20		
厂房	制衣制鞋、玩具、木器、电子生产车间等	$8<h\leqslant12$	15		
	棉纺厂、麻纺厂、泡沫塑料生产车间等		20		

注：1. 表中未列入的场所，应根据本表规定场所的火灾危险性类比确定。
　　2. 当民用建筑高大空间场所的最大净空高度为 $12<h\leqslant18$m 时，应采用非仓库型特殊应用喷头。

问题解析

净空 8～12m 的影院喷头间距应满足 1.8～3m 的要求。喷头平面布置有误。

| 第二章 消防安全问题 | 第三节 消防设施的平面布置 |

问题 8　自动喷水灭火系统未按规范要求设置水流指示器、末端试水

酒店五层宴会厅与四季厅为不同防火分区，均为五至六层通高，其上空的喷头一同接在六层防火分区的水流指示器的配水管道上，如图1、图2所示。

问题描述

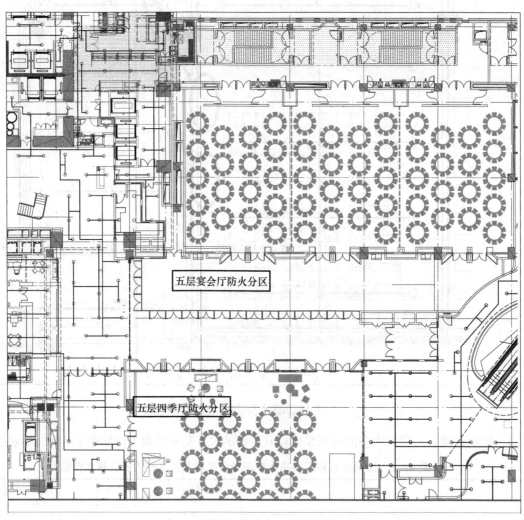

图1　五层自动喷水灭火系统平面图

问题描述	(图示) 图2 六层自动喷水灭火系统平面图 标注："此两处自喷配水管道连接，跨防火分区有误"；"五层宴会厅防火分区"；"五层四季厅防火分区"；"六层防火分区"；H=28.000，27.850结；PY
相关标准	**《自动喷水灭火系统设计规范》** 6.3.1 除报警阀组控制的洒水喷头只保护不超过防火分区面积的同层场所外，每个防火分区、每个楼层均应设水流指示器。 6.5.1 每个报警阀组控制的最不利点洒水喷头处应设末端试水装置，其他防火分区、楼层均应设直径为25mm的试水阀。
问题解析	水流指示器的作用是及时报告发生火灾的部位，所以在每个防火分区、每个楼层均应设置水流指示器。图1中的五层宴会厅、四季厅为不同防火分区，图2中五层宴会厅、四季厅上空的喷头应分别接在其所在的防火分区的水流指示器后，或单独设置水流指示器，六层防火分区的喷头也应单独设水流指示器。另外如上空的喷头接在五层所在防火分区的水流指示器后，应考虑上空的末端喷头是否为本防火分区压力最不利喷头，如是还应设置末端试水阀（装置）。

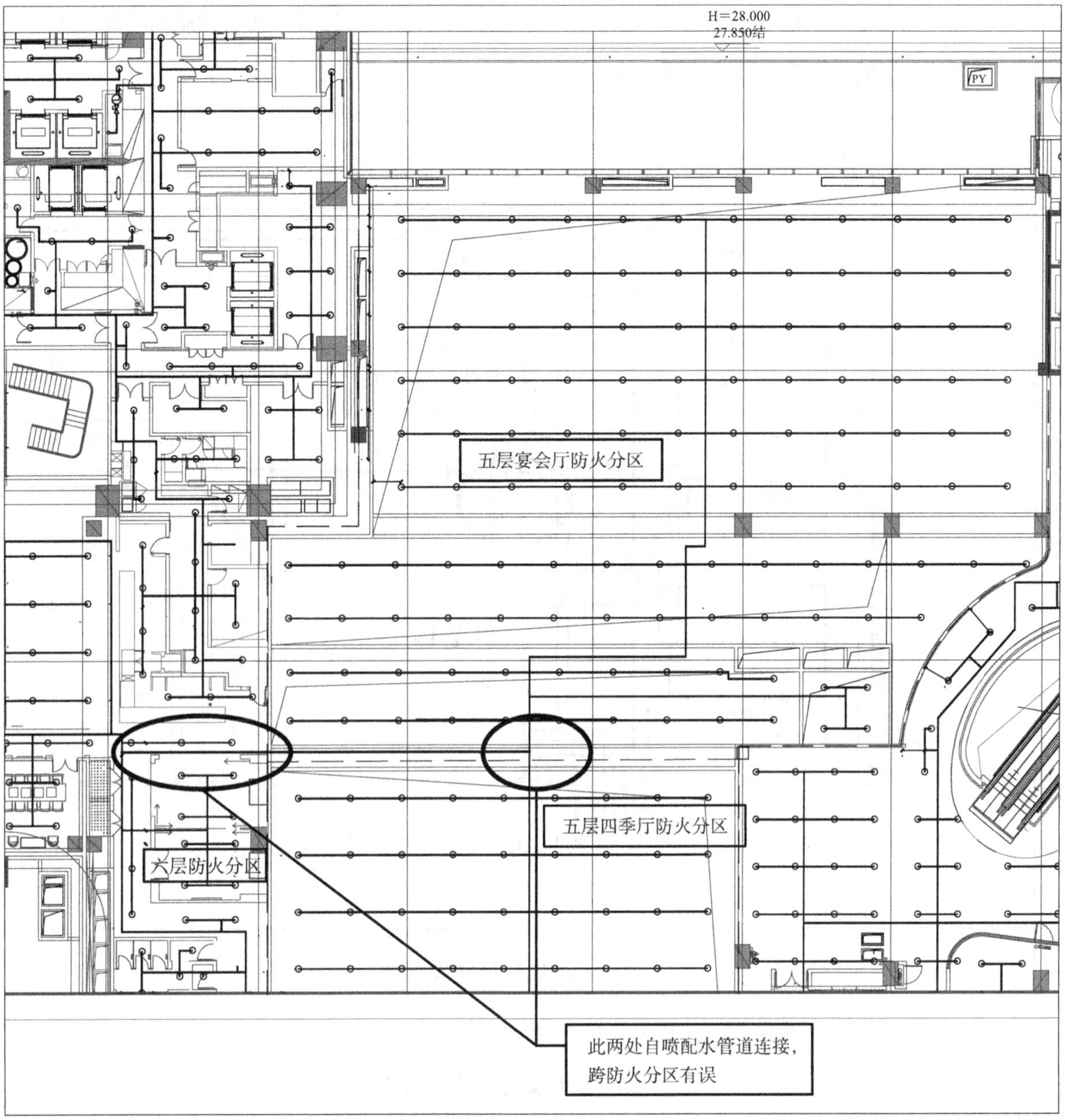

问题 9　消防水泵房排水设施问题

问题描述

消防水泵房内的集水池与生活水泵房共用,排水泵设计流量为 $10m^3/h$,如图1所示。

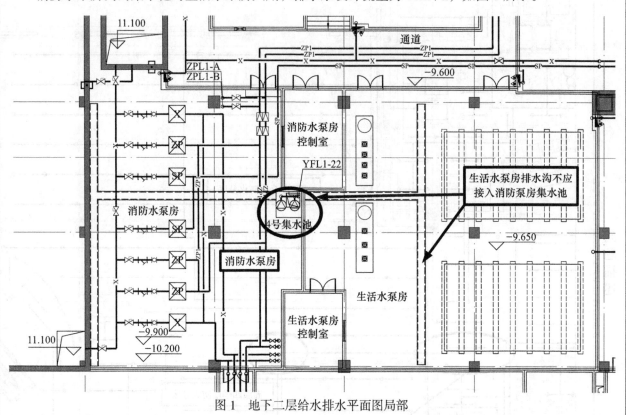

图1　地下二层给水排水平面图局部

相关标准

《建筑设计防火规范》

8.1.8　消防水泵房和消防控制室应采取防水淹的技术措施。

《消防给水及消火栓系统技术规范》

5.5.14　消防水泵房应采取防水淹没的技术措施。

问题解析

图1中消防水泵房设于最低处,门口未设门槛,外部的地面排水可以进入消防水泵房,且消防水泵房的集水沟与生活水泵房连通,当生活水泵房有事故或检修排水时,对消防水泵房的安全会造成影响,消防水泵房集水池内的排水泵流量为 $10m^3/h$,过小,发生事故时积水有可能不能及时排出。

消防水泵房的防水淹没措施主要包括:

1. 设挡水门槛,由建筑专业落实。

2. 消防水泵房内应设置排水设施,如果消防水泵房设在建筑的最底层,则泵房内应设集水池及排水泵,排水泵的设计流量可按消防水池的最大补水量计算:补水管为 $DN100$ 时,$q = 1.5 \times \pi/4 \times 0.1^2 \times 1000 \approx 11.8（L/s）= 42.4（m^3/s）$

3. 消防水泵基础高为200mm,如果消防水泵控制柜也在泵房内,其基础高为200mm。

参见国家标准图集《消防给水及消火栓系统技术规范图示》15S909 第53页图的内容。

问题 10 消防电梯井底排水泵集水井设置有问题

地下车库的排水沟引入消防电梯井底的排水泵集水井，如图 1 所示。

地下一层车库坡道的雨水引入地下二层消防电梯集水井，如图 2、图 3 所示。

上层给水机房的排水接至消防电梯井底集水井，如图 4 所示。

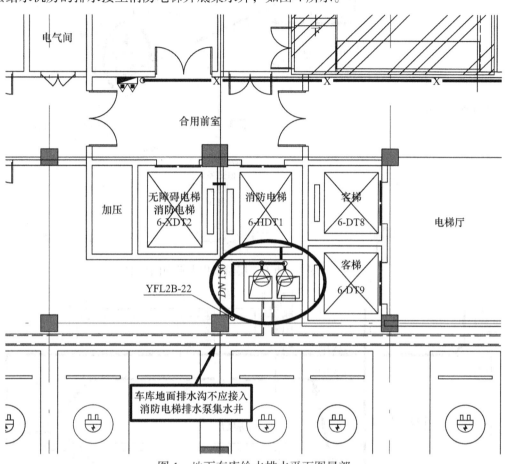

图 1　地下车库给水排水平面图局部

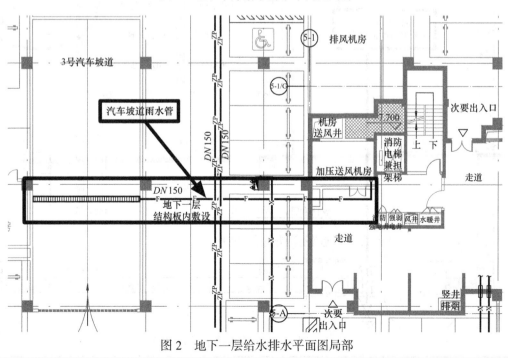

图 2　地下一层给水排水平面图局部

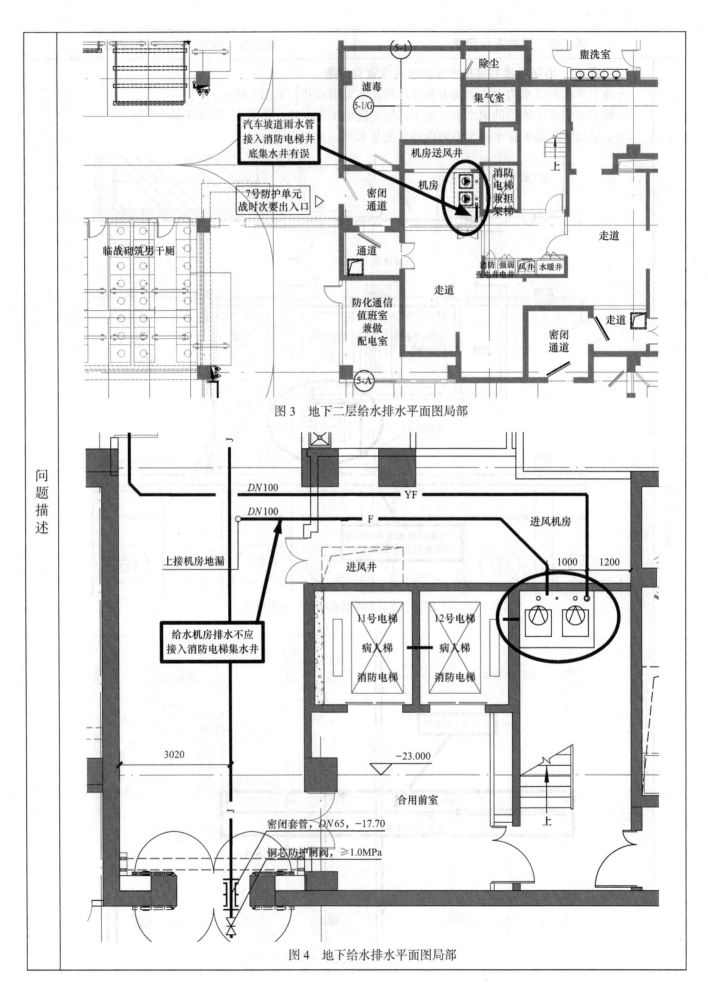

图3 地下二层给水排水平面图局部

图4 地下给水排水平面图局部

相关标准	**《建筑设计防火规范》** 7.3.7 消防电梯的井底应设置排水设施，排水井的容量不应小于2m³，排水泵的排水量不应小于10L/s。消防电梯间前室的门口宜设置挡水设施。 **《消防给水及消火栓系统技术规范》** 9.2.3 消防电梯的井底排水设施应符合下列规定： 1 排水泵集水井的有效容量不应小于2.00m³； 2 排水泵的排水量不应小于10L/s。
问题解析	消防电梯井底设置排水设施是为了确保发生火灾时，消防电梯能够可靠、正常地运行。建筑内发生火灾后，一旦自动喷水灭火系统动作或消防人员进入建筑展开灭火行动，均会有大量水在楼层上积聚、流散。因此，要确保消防电梯在灭火过程中能保持正常运行，消防电梯井内外就要考虑设置排水和挡水设施。消防电梯井底集水井应为消防电梯专用，雨水及其他地面排水，如车库、设备机房的地面排水及不可控的设施排水，均不应引至消防电梯集水井。 如果建筑条件所限，消防电梯集水井无法设在前室或楼梯走道位置，可设于车库范围，坑盖板应整体现浇，检修孔应安装密闭井盖，盖板上的水泵出水管、通气管、电线电缆穿线套管均应高出集水地面可能的集水高度以上，避免消防电梯以外积水进入集水井，如图5所示。 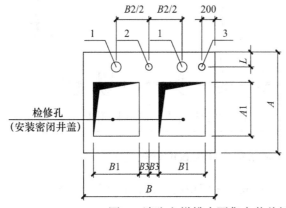 图5 消防电梯排水泵集水井盖板留孔示意图 另外，图2中的雨水管为避免进入下层人防区域，不建议采用管道敷设在结构层内做法，以免管道渗漏腐蚀钢筋影响结构安全。

第二章 消防安全问题	第三节 消防设施的平面布置

问题11　灭火器保护距离不足

一类高层办公楼，灭火器仅设置于消火栓箱内，保护距离不足，如图1所示。

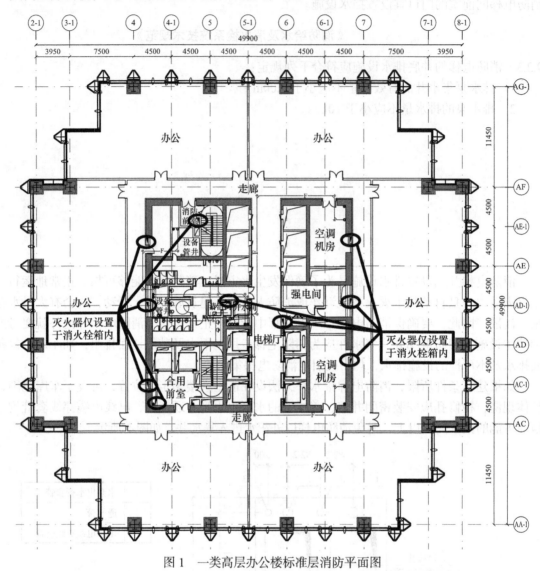

图1　一类高层办公楼标准层消防平面图

《建筑灭火器配置设计规范》

5.2.1　设置在A类火灾场所的灭火器，其最大保护距离应符合表5.2.1的规定。

表5.2.1　A类火灾场所的灭火器最大保护距离（m）

危险等级 \ 灭火器型式	手提式灭火器	推车式灭火器
严重危险级	15	30
中危险级	20	40
轻危险级	25	50

灭火器保护距离是方便及时取用灭火器，迅速扑灭初起小火的一个重要因素。一类高层办公楼灭火器按严重危险级配置，手提式灭火器最大保护距离为15m，如灭火器仅设置在组合式消火栓箱内，步行至办公房间的端部距离远大于15m，因此应在适当位置增设灭火器。

| 第二章 消防安全问题 | 第三节 消防设施的平面布置 |

问题描述	**问题 12　电加热汗蒸房、桑拿房未按规定设置消防设施** 某酒店电加热汗蒸房、桑拿房未设置自动喷水灭火系统和灭火器，如图 1 所示。 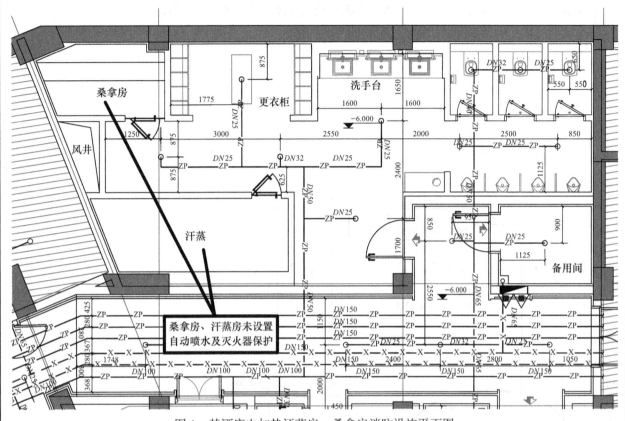 图 1　某酒店电加热汗蒸房、桑拿房消防设施平面图
相关标准	《关于印发〈汗蒸房消防安全整治要求〉的通知》（公消〔2017〕83 号） 五、消防设施器材 （二）电加热汗蒸房所在场所未设置自动喷水灭火系统、火灾探测报警装置的，电加热汗蒸房应增设简易喷淋，电加热汗蒸房及其他功能用房、走道应增设独立式火灾报警探测器（互联式）。 （三）电加热汗蒸房疏散门附近明显位置应设置不少于 2 具 5kg ABC 型干粉灭火器。
问题解析	电加热汗蒸房、桑拿房应设置喷淋头，其公称动作温度宜高于环境最高温度 30℃，门口处应设置 2 具 5kg ABC 型干粉灭火器。

| 第二章 消防安全问题 | 第四节 消防水泵房、消防水箱间大样 |

问题1 消防水池（箱）各报警水位、有效水位的问题

1. 消防水池缺少最高水位及其下方 50~100mm 处的报警水位，消防水泵吸水管未设吸水喇叭口或旋流防止器，消防水池最低有效水位不满足淹没深度要求，如图1所示。

问题描述

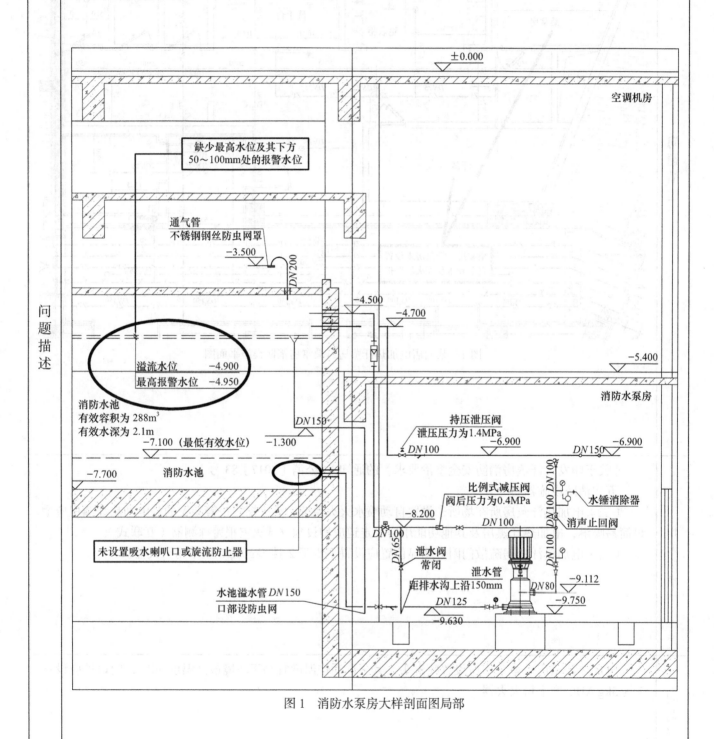

图1 消防水泵房大样剖面图局部

2. 高位消防水箱各水位表达不清楚，如图2所示。

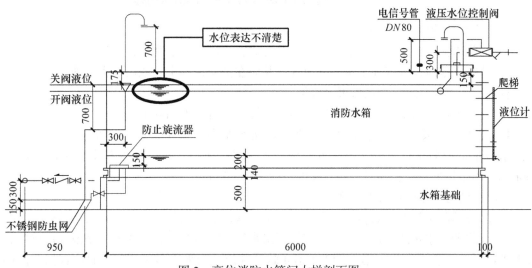

图 2　高位消防水箱间大样剖面图

3. 高位消防水箱接消火栓系统、自动喷水灭火系统的重力稳压管未设置防止旋流器，如图3所示。

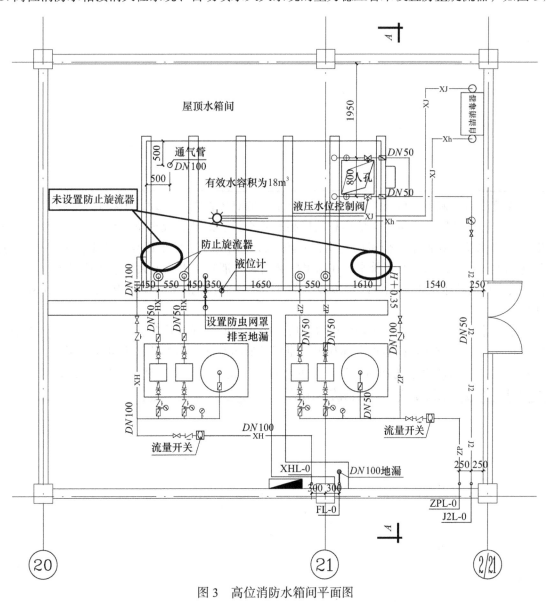

图 3　高位消防水箱间平面图

问题描述

93

相关标准	**《消防给水及消火栓系统技术规范》** 4.3.9 消防水池的出水、排水和水位应符合下列规定： 　　1 消防水池的出水管应保证消防水池的有效容积能被全部利用； 　　2 消防水池应设置就地水位显示装置，并应在消防控制中心或值班室等地点设置显示消防水池水位的装置，同时应有最高和最低报警水位。 5.1.13 离心式消防水泵吸水管、出水管和阀门等，应符合下列规定： 　　4 消防水泵吸水口的淹没深度应满足消防水泵在最低水位运行安全的要求，吸水管喇叭口在消防水池最低有效水位下的淹没深度应根据吸水管喇叭口的水流速度和水力条件确定，但不应小于600mm，当采用旋流防止器时，淹没深度不应小于200mm。 5.2.6 高位消防水箱应符合下列规定： 　　1 高位消防水箱的有效容积、出水、排水和水位等，应符合本规范第4.3.8条和第4.3.9条的规定； 　　2 高位消防水箱的最低有效水位应根据出水管喇叭口和防止旋流器的淹没深度确定，当采用出水管喇叭口时，应符合本规范第5.1.13条第4款的规定；当采用防止旋流器时应根据产品确定，且不应小于150mm的保护高度。
问题解析	规范没有明确各水位及最高、最低报警水位的具体位置，在设计中我们应明确如下几个水位：确定水池（箱）消防贮水量的有效容积的最高有效水位、最低有效水位；水多了需要溢流的溢流水位及溢流报警水位，这两个水位可以共用；消防水被使用时少了低于最高有效水位需要报警的报警水位。消防水池（箱）的水位及报警水位在国家标准图集《消防给水及消火栓系统技术规范图示》15S909第27页、《自动喷水灭火系统设计》19S910第51页、《高位消防贮水箱选用及安装》16S211第5页均有明确。 　　消防水泵吸水管、消防水箱的出水管应设吸水喇叭口或旋流防止器，并满足最低有效水位淹没深度要求，以保证有效容积能被全部利用。原因是消防水池（箱）的贮水量在使用时，如出水管的淹没水深不足，就会产生空气旋涡漏斗，水面上的空气经旋涡漏斗被吸入水泵，将对消防水泵造成损害，或通过管道进入消防系统，影响消防水流量。

	第二章 消防安全问题	第四节 消防水泵房、消防水箱间大样

问题 2　离心式消防水泵吸水管的布置易形成气囊

离心式消防水泵吸水管采用同心异径接头，易形成气囊，如图 1 所示。

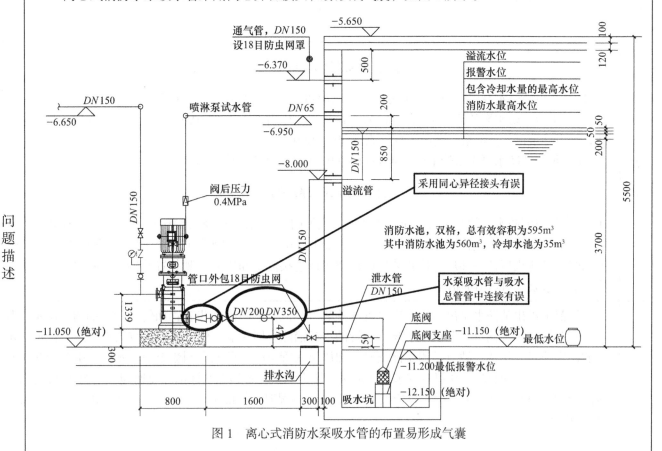

图 1　离心式消防水泵吸水管的布置易形成气囊

《消防给水及消火栓系统技术规范》

5.1.13　离心式消防水泵吸水管、出水管和阀门等，应符合下列规定：
　　2　消防水泵吸水管布置应避免形成气囊。

　　离心式消防水泵吸水管不应沿水泵方向下翻；水平吸水管变径时应采用管顶平接，避免在大管道上空形成气囊，减小管道过水断面。可参见国家标准图集《消防给水及消火栓系统技术规范图示》15S909 第 37 页图的内容。

	第二章 消防安全问题	第四节 消防水泵房、消防水箱间大样
问题描述	**问题3 消防水泵流量和压力测试装置的设置问题** 消防水泵出水管上的试水管、流量和压力测试装置缺失或设置位置有误。	

相关标准	**《消防给水及消火栓系统技术规范》** 5.1.11 一组消防水泵应在消防水泵房内设置流量和压力测试装置,并应符合下列规定: 1 单台消防水泵的流量不大于20L/s、设计工作压力不大于0.50MPa时,泵组应预留测量用流量计和压力计接口,其他泵组宜设置泵组流量和压力测试装置; 4 每台消防水泵出水管上应设置$DN65$的试水管,并应采取排水措施。 **《自动喷水灭火系统设计规范》** 10.2.4 每组消防水泵的吸水管不应少于2根。报警阀入口前设置环状管道的系统,每组消防水泵的出水管不应少于2根。消防水泵的吸水管应设控制阀和压力表;出水管应设控制阀、止回阀和压力表,出水管上还应设置流量和压力检测装置或预留可供连接流量和压力检测装置的接口。必要时,应采取控制消防水泵出口压力的措施。

问题解析	规范中提出消防水泵出水管上应设置这些装置,但没有明确这些装置如何设置。如图1所示,其试水阀及流量压力测试装置设于水泵出水管的水锤消除止回阀前,优点是可以较为准确地测试消防水泵的额定流量和扬程,缺点是测试停止时,加压出水管中的水可能会倒流至消防水泵,引起消防水泵倒转,产生不良的影响。建议将试水阀及流量、压力测试装置移至水锤消除止回阀和闸阀之间的位置。接流量和压力测试装置的管道管径应按流速≤5m/s情况时计算确定,当消防水量为40L/s时,其管径应≥$DN100$。 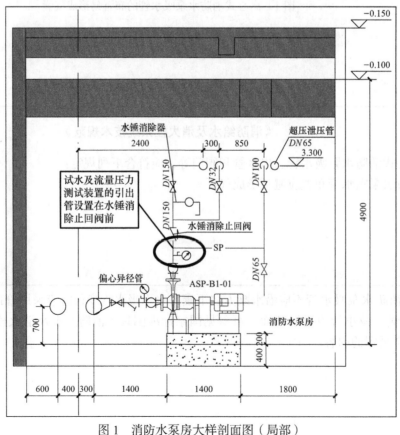 图1 消防水泵房大样剖面图(局部)

问题解析

《〈消防给水及消火栓系统技术规范〉GB 50974—2014实施指南》的图5-3内容如图2所示，美国消防协会标准《固定消防水泵安装标准》的图A.4.21.1.2（a）内容如图3所示，我们可以参考借鉴。

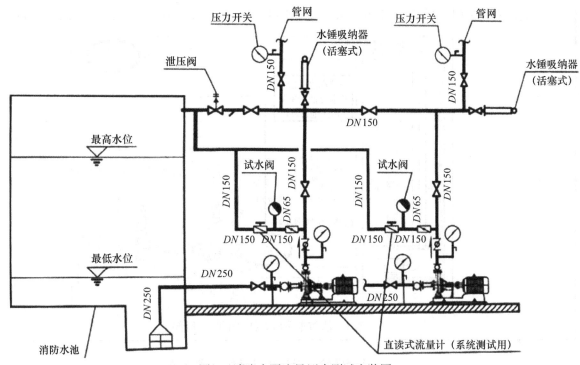

图2 消防水泵流量压力测试安装图
（《〈消防给水及消火栓系统技术规范〉GB 50974—2014实施指南》图5-3）

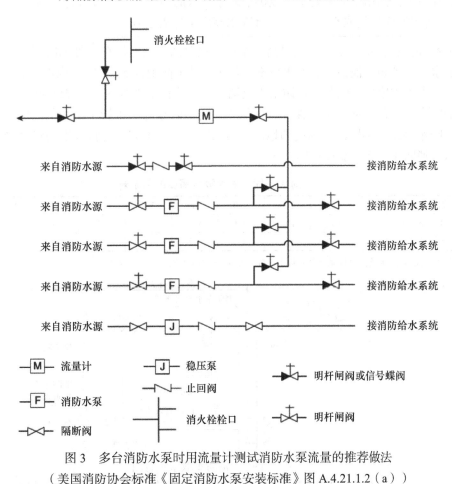

图3 多台消防水泵时用流量计测试消防水泵流量的推荐做法
（美国消防协会标准《固定消防水泵安装标准》图A.4.21.1.2（a））

| 第二章 消防安全问题 | 第五节 室外消防 |

问题描述

问题1　消防水池取水口设置及吸水高度不符合规范要求

储存室外消防用水的消防水池，未设置取水口（井），或吸水高度大于6.0m，如图1所示。

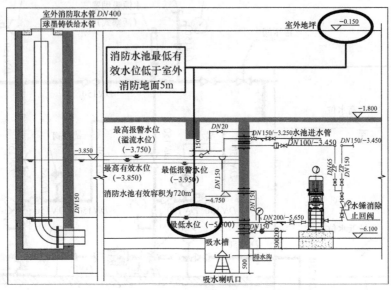

图1　消防水泵房大样剖面图（局部）

相关标准

《消防给水及消火栓系统技术规范》

4.3.7　储存室外消防用水的消防水池或供消防车取水的消防水池，应符合下列规定：
1　消防水池应设置取水口（井），且吸水高度不应大于6.0m。

问题解析

无论室外消火栓系统是否为临时高压系统，只要消防水池储存室外消防用水，就应设置供消防车取水的取水口。消防水池最低有效水位不应低于室外消防地面5m，室外取水口的连通管管径应经水力计算确定，参见国家标准图集《消防给水及消火栓系统技术规范图示》15S909第24页图的内容。

供消防车取水的消防水池应保证其最低水位与消防车内给水管中心线的高度不大于消防水泵所在地的最大吸水高度，不同海拔高度的地区，最大吸水高度不同。海拔高度与最大吸水高度的关系表如表1所示，消防车取水示意图如图2所示。

海拔高度与最大吸水高度的关系表　　　　表1

海拔高度（m）	0	200	300	500	700	1000	1500	2000	3000	4000
大气压（m水柱）	10.3	10.1	10.0	9.7	9.5	9.2	8.6	8.4	7.3	6.3
最大吸水高度（m）	6.0	6.0	6.0	5.7	5.5	5.2	4.6	4.4	3.3	2.3

注：摘自《〈消防给水及消火栓系统技术规范〉GB 50974—2014实施指南》表4-2。

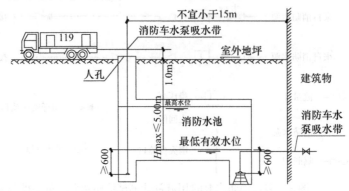

图2　消防车取水示意图

（摘自《〈消防给水及消火栓系统技术规范〉GB 50974—2014实施指南》图4-6）

由于建筑布局的限制，当室内外消防水池消防水泵房设于地下二层，室外消防水池难以满足消防车吸水高度时，可将室内外消防水池分隔，上部室外消防水池最低有效水位满足消防车吸水高度要求，下部设置室内消防水池和消防水泵房，图3、图4为符合规范的设计，供参考。

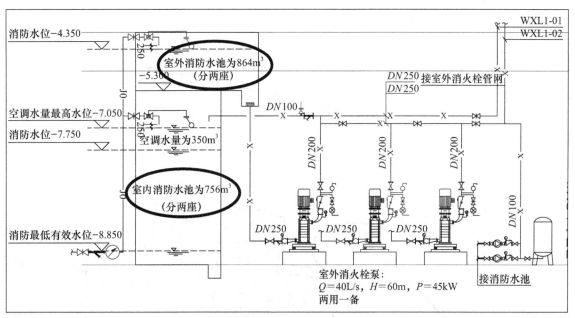

图3 室外消火栓系统图（局部）

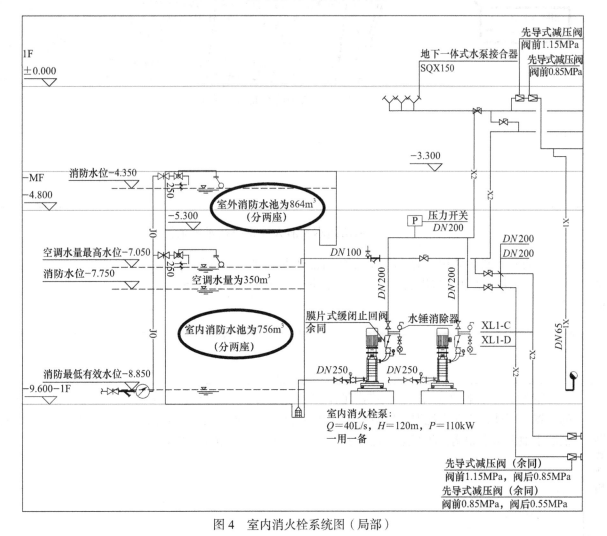

图4 室内消火栓系统图（局部）

问题描述	**问题2 消防水池取水口与建筑物距离不符合规范要求** 某建筑室外消防用水由设于建筑地下室的消防水池提供,在室外消防平面图中,消防水池的取水口紧邻主体建筑,位置如图1所示。 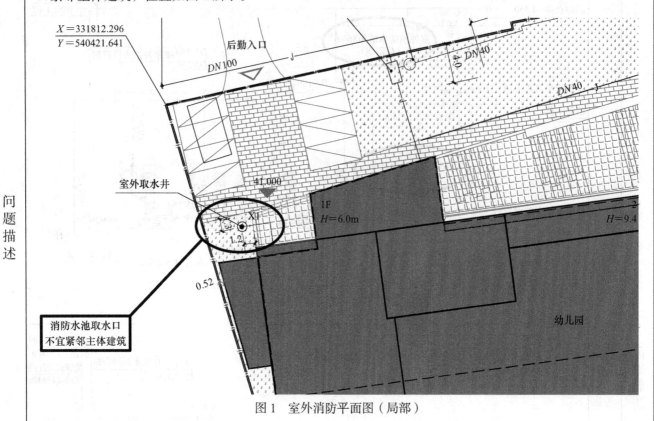 图1 室外消防平面图(局部)
相关标准	**《消防给水及消火栓系统技术规范》** 4.3.7 储存室外消防用水的消防水池或供消防车取水的消防水池,应符合下列规定: 2 取水口(井)与建筑物(水泵房除外)的距离不宜小于15m。
问题解析	室外消防水池的取水口不仅应满足保护半径为150m的要求,还应位于不会受到建筑物火灾威胁的位置,因此,消防水池取水口距离建筑物不宜小于15m。《建筑设计防火规范》第7.1.7条中还要求:消防水池取水点距离消防车道不宜大于2m,以便供消防车取水使用。

	第二章 消防安全问题	第五节 室外消防
问题描述	**问题3 水泵接合器位置、数量、距室外消火栓或消防水池取水口距离不符合规范要求** 水泵接合器设置在玻璃幕墙处,水泵接合器数量不够,距离室外消火栓或消防水池的距离为80m。	
相关标准	**《建筑设计防火规范》** 8.1.11 建筑外墙设置有玻璃幕墙或采用火灾时可能脱落的墙体装饰材料或构造时,供灭火救援用的水泵接合器、室外消火栓等室外消防设施,应设置在距离建筑外墙相对安全的位置或采取安全防护措施。 **《消防给水及消火栓系统技术规范》** 5.4.3 消防水泵接合器的给水流量宜按每个10L/s~15L/s计算。每种水灭火系统的消防水泵接合器设置的数量应按系统设计流量经计算确定,但当计算数量超过3个时,可根据供水可靠性适当减少。 5.4.7 水泵接合器应设在室外便于消防车使用的地点,且距室外消火栓或消防水池的距离不宜小于15m,并不宜大于40m。	
问题解析	**《建筑设计防火规范》** 第8.1.11条条文说明:本条是根据近年来的一些火灾事故,特别是高层建筑火灾的教训确定的。本条规定主要为防止建筑幕墙在火灾时可能因墙体材料脱落而危及消防员安全。 建筑幕墙常采用玻璃、石材和金属等材料。当幕墙受到火烧或受热时,易破碎或变形、爆裂,甚至造成大面积的破碎、脱落。供消防员使用的水泵接合器、消火栓等室外消防设施的设置位置,要根据建筑幕墙的位置、高度确定。当需离开建筑外墙一定距离时,一般不小于5m,当受平面布置条件限制时,可采取设置防护挑檐、防护棚等其他防坠落物砸伤的防护措施。 **《消防给水及消火栓系统技术规范》** 第5.4.3条条文说明:消防车能长期正常运转且能发挥消防车较大效能时的流量一般为10L/s~15L/s。因此,每个水泵接合器的流量亦应按10L/s~15L/s计算确定。当计算消防水泵接合器的数量大于3个时,消防车的停放场地可能存在困难,故可根据具体情况适当减少。	

	第二章 消防安全问题	第五节 室外消防
问题描述	**问题4 自动喷水灭火系统未按规范要求设置水泵接合器** 某小区各栋住宅楼设有大底盘地下车库，自动喷水灭火系统的预作用装置集中设置于地下的消防泵房内，每栋住宅楼附近缺少水泵接合器。	
相关标准	**《自动喷水灭火系统设计规范》** 8.0.11 干式系统、由火灾自动报警系统和充气管道上设置的压力开关开启预作用装置的预作用系统，其配水管道充水时间不宜大于1min；雨淋系统和仅由火灾自动报警系统联动开启预作用装置的预作用系统，其配水管道充水时间不宜大于2min。 **《消防给水及消火栓系统技术规范》** 5.4.4 临时高压消防给水系统向多栋建筑供水时，消防水泵接合器应在每座建筑附近就近设置。	
问题解析	对干式、预作用及雨淋系统报警阀出口配水管道充水时间的要求，是为了达到保证系统启动后能够立即喷水的目的。大底盘地下车库采用预作用系统，每个防火分区面积约为4000m²，应计算预作用装置后的最大允许管网容积，计算方法参见国家标准图集《自动喷水灭火系统设计》19S910第83页。预作用装置集中设于消防水泵房，远端防火分区的充水时间难以满足要求，可以相对集中地分置几处，既可满足空管容积要求，又方便维护管理。 规范要求临时高压消防给水系统向多栋建筑供水时，消防水泵接合器应在每座建筑附近就近设置，可参考国家标准图集《消防给水及消火栓系统技术规范图示》15S909第48页中水泵接合器设置示意图，如图1所示。当集中设置报警阀组时，常规设计中自动喷水灭火系统的消防水泵接合器设于报警阀组前，要满足水泵接合器在每座建筑附近设置。 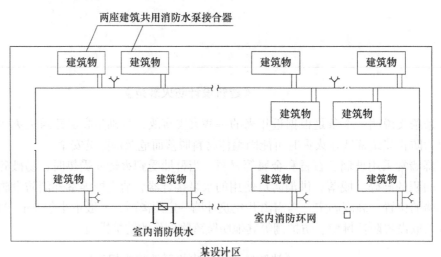 图1 消防水泵接合器设置示意图 附近是指多远，规范没有明确数据，建议在建筑物40m范围内应有满足消防系统数量的消防水泵接合器设置，40m是2支消防水带考虑弯曲折减后的估算长度，即$25×2×0.8=40$（m）。 消防水泵接合器接在系统的位置，相关规范没有明确要求，在美国消防协会标准《自动喷水灭火系统安装标准》NFPA13中有范例，如图2所示。我们可以看到，消防水泵接合器可设置在湿式报警阀、预作用装置、雨淋报警阀之后的管道上。消防水泵接合器设置在报警阀前时，为所有报警阀组服务；当设置在报警阀后时，只服务本报警阀控制的系统部分，这一点应特别关注。另外，预作用装置后管道设置空压机充气系统，消防水泵接合器设置在预作用装置后，消防水泵接合器及其接管不仅应满足水压的强度试验、严密性试验要求，还应满足气压严密性试验要求。	

问题解析

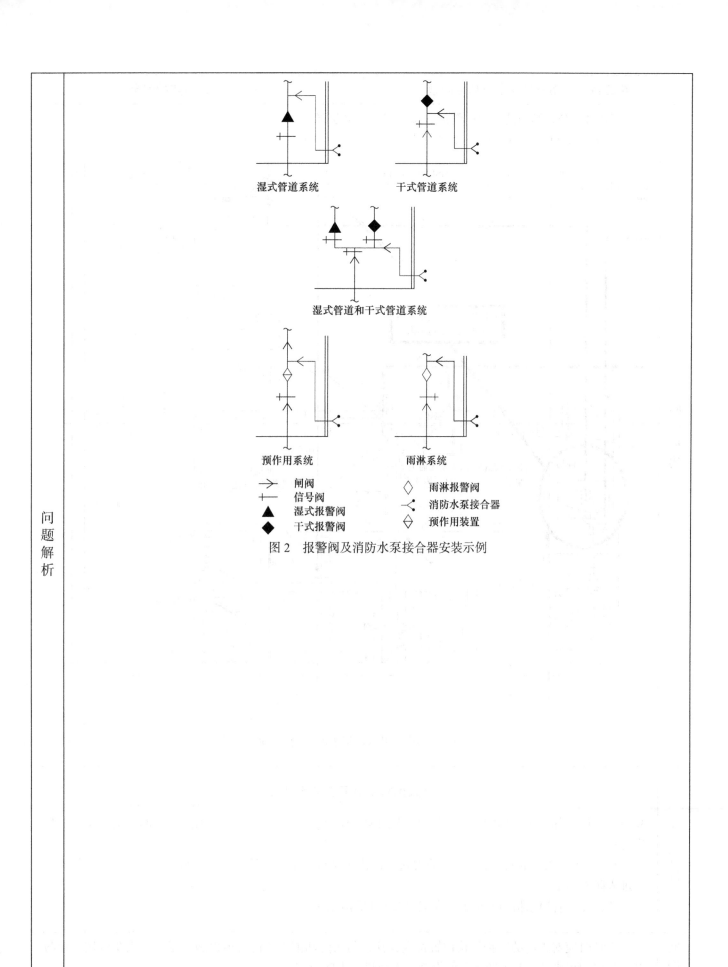

图 2 报警阀及消防水泵接合器安装示例

| | 第三章 人防防护安全及功能问题 | 第一节 人防防护安全 |

问题 1　与人防功能无关的管道、设施进入人防区域

消防电梯井底的集水池出现在人防范围内，如图1所示。

问题描述

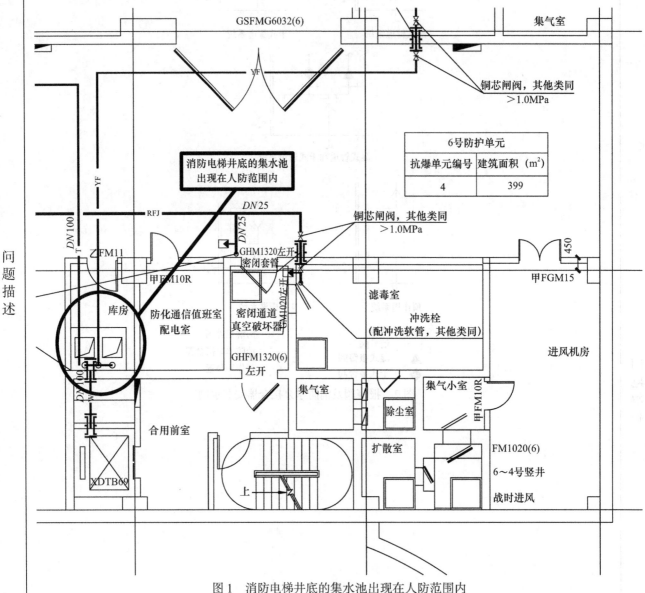

图1　消防电梯井底的集水池出现在人防范围内

相关标准

《人民防空地下室设计规范》

3.1.6　专供上部建筑使用的设备房间宜设置在防护密闭区之外。穿过人防围护结构的管道应符合下列规定：

1　与防空地下室无关的管道不宜穿过人防围护结构；上部建筑的生活污水管、雨水管、燃气管不得进入防空地下室。

注：无关管道系指防空地下室在战时及平时均不使用的管道。

问题解析

设计时应对人防的围护结构位置特别关注，与人防功能无关的管道设施尽量避让人防区域。消防电梯井底的集水池是与人防无关的设施，不应进入人防范围。

第三章 人防防护安全及功能问题　　第一节 人防防护安全

问题 2　管道穿过人防围护结构未按规范要求设置防护措施

穿过人防围护结构的管道未设置密闭套管和防护阀门，如图1～图4所示。
穿过人防围护结构的水管采用蝶阀作为防护阀门，如图5、图6所示。

问题描述

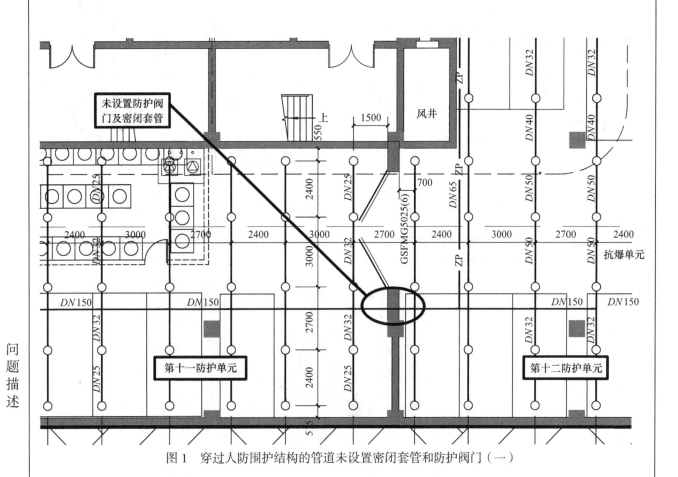

图1　穿过人防围护结构的管道未设置密闭套管和防护阀门（一）

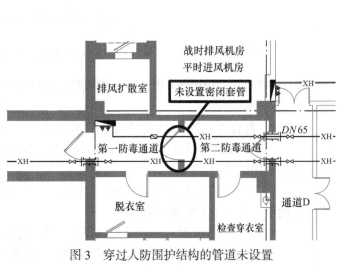

图2　穿过人防围护结构的管道未设置
密闭套管和防护阀门（二）

图3　穿过人防围护结构的管道未设置
密闭套管和防护阀门（三）

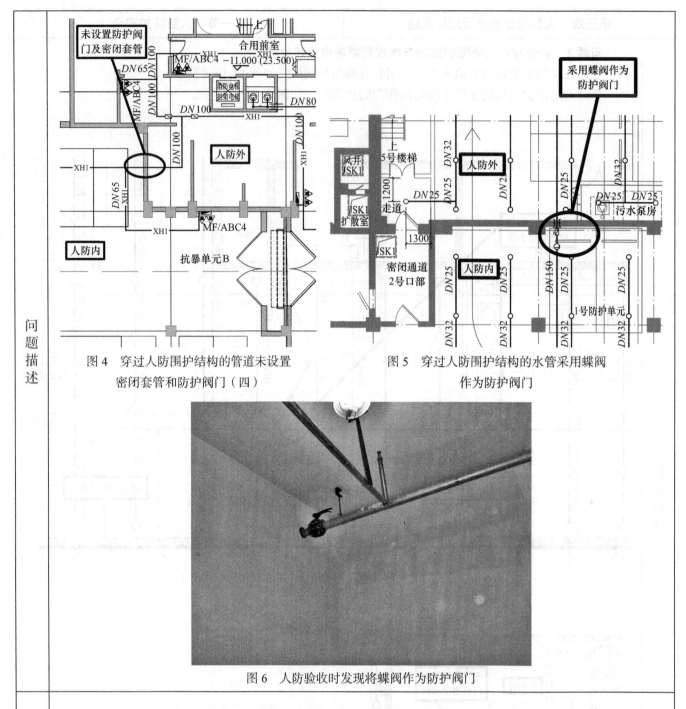

图4 穿过人防围护结构的管道未设置密闭套管和防护阀门（四）

图5 穿过人防围护结构的水管采用蝶阀作为防护阀门

图6 人防验收时发现将蝶阀作为防护阀门

《人民防空地下室设计规范》

6.1.2 穿过人防围护结构的给水引入管、排水出户管、通气管、供油管的防护密闭措施应符合下列要求：

　　1 符合以下条件之一的管道，在其穿墙（穿板）处应设置刚性防水套管：

　　　　1）管径不大于 DN150mm 的管道穿过防空地下室的顶板、外墙、密闭隔墙及防护单元之间的防护密闭隔墙时；

　　　　2）管径不大于 DN150mm 的管道穿过乙类防空地下室临空墙或穿过核 5 级、核 6 级和核 6B 级的甲类防空地下室临空墙时。

　　2 符合以下条件之一的管道，在其穿墙（穿板）处应设置外侧加防护挡板的刚性防水套管：

　　　　1）管径大于 DN150mm 的管道穿过人防围护结构时；

　　　　2）管径不大于 DN150mm 的管道穿过核 4 级、核 4B 级的甲类防空地下室临空墙时。

相关标准	6.2.13 防空地下室给水管道上防护阀门的设置及安装应符合下列要求：
	  1 当给水管道从出入口引入时，应在防护密闭门的内侧设置；当从人防围护结构引入时，应在人防围护结构的内侧设置；穿过防护单元之间的防护密闭隔墙时，应在防护密闭隔墙两侧的管道上设置；
	  2 防护阀门的公称压力不应小于1.0MPa；
	  3 防护阀门应采用阀芯为不锈钢或铜材质的闸阀或截止阀；
	  4 人防围护结构内侧距离阀门的近端面不宜大于200mm。阀门应有明显的启闭标志。
	6.3.8 通气管的设置应符合下列要求：
	  5 通气管在穿过人防围护结构时，该段通气管应采用热镀锌钢管，并应在人防围护结构内侧设置公称压力不小于1.0MPa的铜芯闸阀。人防围护结构内侧距离阀门的近端面不宜大于200mm。
	6.3.12 污水泵出水管上应设置阀门和止回阀，管道在穿过人防围护结构时，应在人防围护结构内侧设置公称压力不小于1.0MPa的铜芯闸阀。人防围护结构内侧距离阀门的近端面不宜大于200mm。
	6.5.9 柴油发电机房的输油管当从出入口引入时，应在防护密闭门内设置油用阀门；当从围护结构引入时，应在外墙内侧或顶板内侧设置油用阀门，其公称压力不得小于1.0MPa，该阀门应设置在便于操作处，并应有明显的启闭标志。在室外的适当位置应设置与防空地下室抗力级别相同的油管接头井。

问题解析	管道穿过防空地下室围护结构（如顶板、外墙、临空墙、防护单元之间的防护密闭隔墙）处，要采取一定的防护密闭措施，要求能抗一定压力的冲击波作用，并防止毒剂（指核生化战剂）由穿管处渗入。设计图中多处防护阀门未在防护密闭墙处设置或设置位置有误，可能原因是未分清人防围护结构墙、防护密闭隔墙、密闭隔墙的不同，尤其在管道穿过人防围护结构位置。如图7、图8所示，粗线为简易洗消间、洗消间人防围护结构墙、密闭隔墙，管道穿过人防围护结构墙、密闭隔墙均须设置密闭套管，人防围护结构墙的人防内部应设置防护阀门。 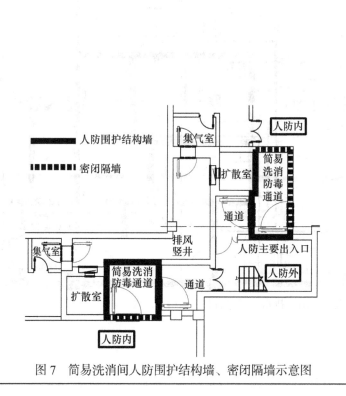 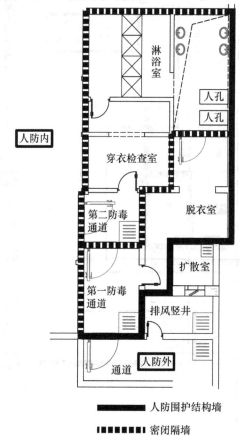 图7 简易洗消间人防围护结构墙、密闭隔墙示意图　　图8 洗消间人防围护结构墙、密闭隔墙示意图

| 第三章 人防防护安全及功能问题 | 第二节 人防功能安全 |

问题1　人防污（废）水集水池设置不符合规范要求

第二十五防护单元专业队队员掩蔽部水箱间的排水接入了第二十四防护单元医疗救护站内污泵间的集水池，如图1所示。

第二十五防护单元专业队队员掩蔽部水箱间的排水接入了淋浴洗消间的集水池，如图2所示。

问题描述

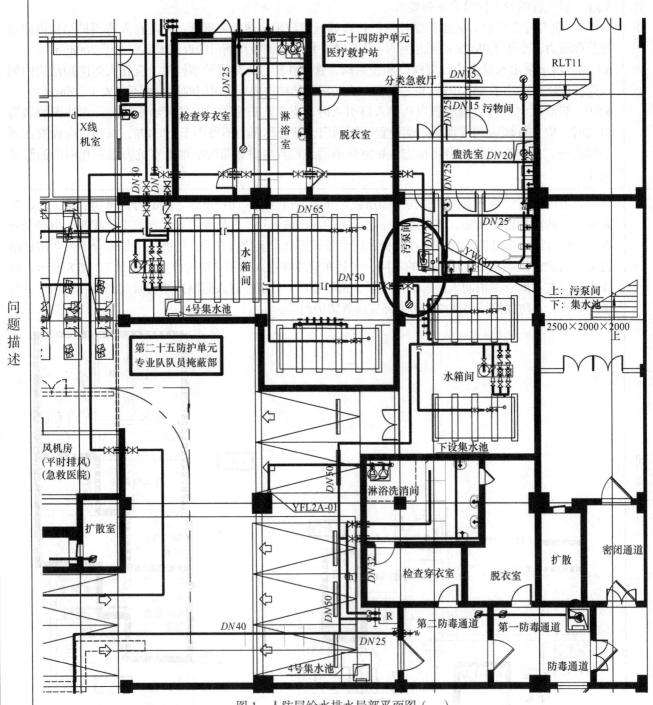

图1　人防层给水排水局部平面图（一）

问题描述	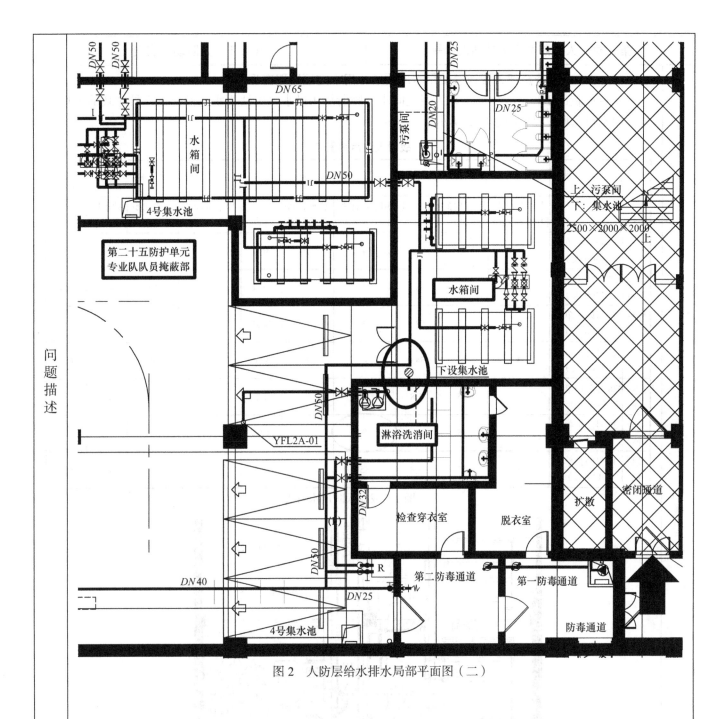 图 2　人防层给水排水局部平面图（二）
相关标准	**《人民防空地下室设计规范》** 6.3.9　设有多个防护单元的防空地下室，当需设置生活污水集水池时，应按每个防护单元单独设置。 6.4.6　洗消废水集水池不得与清洁区内的集水池共用。
问题解析	战时使用的集水池应按每个防护单元独立设置，图 1 中水箱间的排水不应排入其他防护单元，按提出意见修改后如图 2 所示，将水箱间的排水接入淋浴洗消间的集水池，又违反了洗消废水集水池不得与清洁区内的集水池共用的要求。

第三章 人防防护安全及功能问题　　第二节 人防功能安全

问题2　人员掩蔽部工程战时使用水冲厕所，用水定额选取有误

人员掩蔽部工程战时生活水箱为卫生间水冲厕所加压供水，生活用水定额仍按人员掩蔽部工程的生活用水量选取，如图1、图2所示。

战时人防用水量表

防护区	项目	饮用水			生活用水			口部消毒水			人员洗消用水
		用水量标准 [L/(人·d)]	贮水时间 (d)	贮水量 (m³)	用水量标准 [L/(人·d)]	贮水时间 (d)	贮水量 (m³)	用水量标准 (L/m²)	用水面积 (m²)	贮水量 (m³)	贮水量 (m³)
二等人员掩蔽所	24号防护单元（1300人）	3	15	58.5	4	7	36.4	6	800	4.8	0.8
	25号防护单元（1300人）	3	15	58.5	4	7	36.4	6	800	4.8	0.8
	26号防护单元（1300人）	3	15	58.5	4	7	36.4	6	800	4.8	0.8
	27号防护单元（1300人）	3	15	54.0	4	7	33.6	6	800	4.8	0.8
物资库	28号防护单元（40人）	3	15	1.8	4	7	1.2	6	800	4.8	—
专业队	29号防护单元（200人）	5	15	15.0	9	7	12.6	6	800	4.8	1.6
救护站	30号防护单元（130人）	5	15	7.8	35	7	31.9	6	800	4.8	0.6

图1　战时人防用水量表

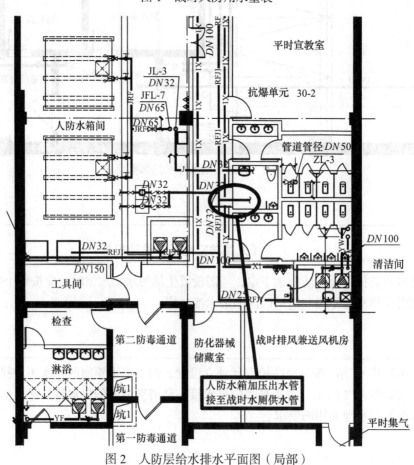

图2　人防层给水排水平面图（局部）

相关标准	**《人民防空地下室设计规范》**
	6.2.3 防空地下室战时人员用水量标准应按表6.2.3采用。

表6.2.3 战时人员生活饮用水量标准

工程类别			用水量[L/（人·d）]	
			饮用水	生活用水
医疗救护工程	中心医院 急救医院	伤病员	4～5	60～80
		工作人员	3～6	30～40
	救护站	伤病员	4～5	30～50
		工作人员	3～6	25～35
专业队队员掩蔽部			5～6	9
人员掩蔽工程			3～6	4
配套工程			3～6	4

《人民防空医疗救护工程设计标准》

5.2.6 战时人员用水量标准应按表5.2.6确定。

表5.2.6 医疗救护工程战时人员用水量标准

医院类别		用水量[L/（人·d）]	
		饮用水	生活用水
中心医院、急救医院	伤员	4～5	60～80
	工作人员	3～6	30～40
救护站	伤员	4～5	30～50
	工作人员	3～6	25～35

问题解析

《人民防空地下室设计规范》第6.2.3条的条文说明：人员掩蔽工程、专业队队员掩蔽部、配套工程的生活用水量，仅包括盥洗用水量，不包括水冲厕所用水量。如工程所在地人防主管部门要求为该类工程设供战时使用的水冲厕所，其水冲厕所用水量标准由当地人防主管部门确定。

北京市规定，如果专业队掩蔽部工程战时设置水冲厕所，生活用水量标准参照医疗救护工程生活用水量40L/（人·d）确定。同时，为了避免污秽气体外溢，厕所宜设置在靠近排风系统末端处。

第三章 人防防护安全及功能问题	第二节 人防功能安全

问题描述	**问题3　人防医疗救护站第一密闭区和第二密闭区的给水管道共用** 人防医疗救护站第一密闭区和第二密闭区的给水管道共用，如图1所示。 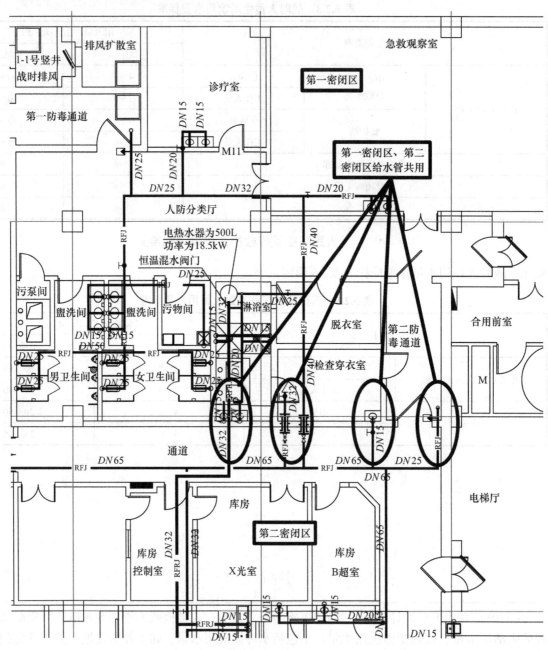 图1　人防医疗救护站第一密闭区和第二密闭区的给水管道共用
相关标准	**《人民防空医疗救护工程设计标准》** 3.3.1　第一密闭区应由分类急救部和通往清洁区的第二防毒通道、洗消间组成…… 5.2.12　第一密闭区和第二密闭区（清洁区）的给水管道应自贮水箱（池）的出水管（或给水泵出水管）处分别独立设置。
问题解析	图1中第二密闭区，将生活水箱的加压出水管设计成两根，一根为第二密闭区供水，另一根进入第一密闭区，为第一密闭区供水。

第三章 人防防护安全及功能问题	第二节 人防功能安全

问题 4　人防口部需冲洗部位未设置排水设施

滤毒室及其连通的密闭通道、防毒通道未设置收集洗消废水的设施，如图 1、图 2 所示。

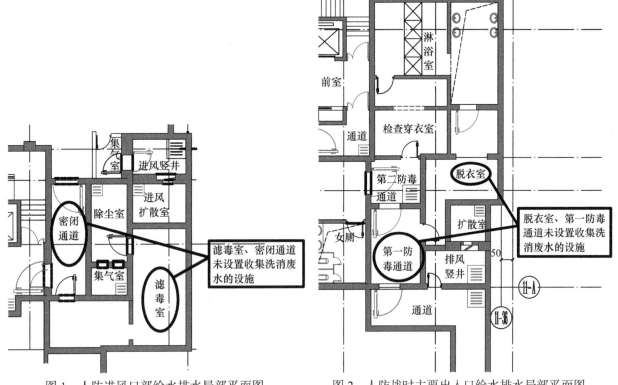

图 1　人防进风口部给水排水局部平面图　　　　图 2　人防战时主要出入口给水排水局部平面图

相关标准	《人民防空地下室设计规范》 6.4.5　防空地下室口部染毒区墙面、地面的冲洗应符合下列要求： 　　1　需冲洗的部位包括进风竖井、进风扩散室、除尘室、滤毒室（包括与滤毒室相连的密闭通道）和战时主要出入口的洗消间（简易洗消间）、防毒通道及其防护密闭门以外的通道，并应在这些部位设置收集洗消废水的地漏、清扫口或集水坑。
问题解析	在图 1 中，进风竖井、进风扩散室、除尘室、滤毒室及其相连的密闭通道均需冲洗，进风竖井、进风扩散室、除尘室均设置了集水坑收集洗消废水，但滤毒室及其相连的密闭通道未设置收集洗消废水的设施。在图 2 中，淋浴室、检查穿衣室、第二防毒通道可利用淋浴室内的集水坑收集洗消废水，防护密闭门外的通道设置了集水坑，而第一防毒通道和脱衣室还应设置收集洗消废水的设施。

	第四章 改造项目时要关注的问题	第一节 使用安全
问题描述	**问题 1 增加设备荷载没有相关说明** 1. 某装修改造项目：屋顶增加了高位水箱或消防水箱容积有增加，未见结构设计图纸或相关说明。 2. 某办公楼改造项目：增加了 IG541 气体灭火系统的钢瓶间，未见结构设计图纸或相关说明。	
问题解析	影响结构安全问题，结构荷载有改变，应有结构专业的校核和相关说明。	

问题2 增加设备、改变功能带来的卫生、环保等问题

1. 商业增加餐饮，厨房排水缺少隔油设施。
2. 办公室改为生物实验室，缺少给水防污染、排水防污染措施。
3. 宿舍增加给水泵房，给水泵房位置有误及未设置减振防噪措施，如图1、图2所示。

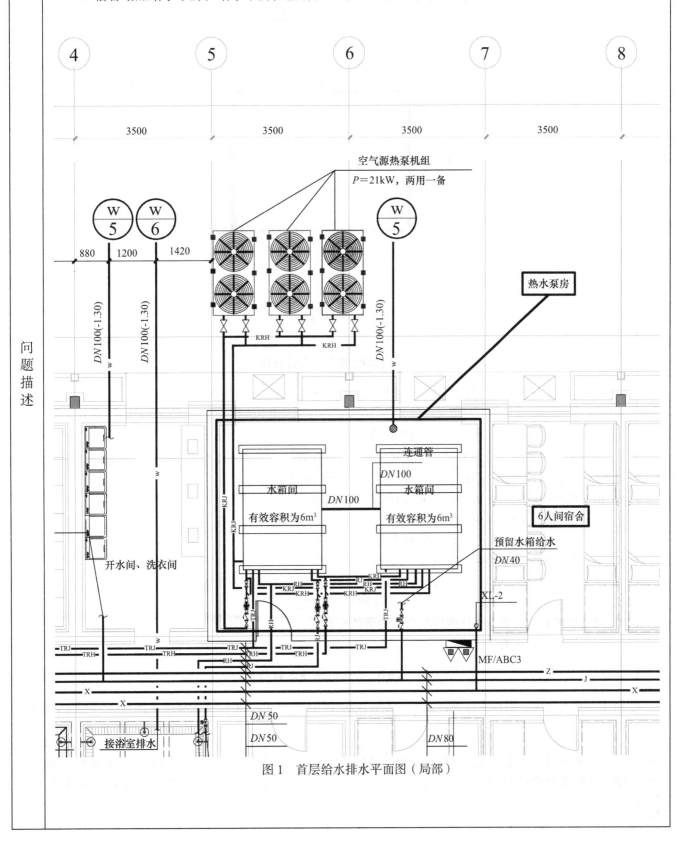

图1 首层给水排水平面图（局部）

	图 2 二层给水排水平面局部
相关标准	**《建筑给水排水设计标准》** 3.3.9 生活饮用水管道系统上连接下列含有有害健康物质等有毒有害场所或设备时，必须设置倒流防止设施： 　　1 贮存池（罐）、装置、设备的连接管上； 　　2 化工剂罐区、化工车间、三级及三级以上的生物安全实验室除按本条第 1 款设置外，还应在其引入管上设置有空气间隙的水箱，设置位置应在防护区外。 3.9.10 建筑物内的给水泵房，应采用下列减振防噪措施： 　　1 应选用低噪声水泵机组； 　　2 吸水管和出水管上应设置减振装置； 　　3 水泵机组的基础应设置减振装置； 　　4 管道支架、吊架和管道穿墙、楼板处，应采取防止固体传声措施。 4.2.4 下列建筑排水应单独排水至水处理或回收构筑物： 　　1 职工食堂、营业餐厅的厨房含有油脂的废水； 　　6 实验室有害有毒废水。 **《城镇给水排水技术规范》** 3.6.6 给水加压、循环冷却等设备不得设置在居住用房的上层、下层和毗邻的房间内，不得污染居住环境。
问题解析	改造项目因功能改变，易造成对周围环境的影响，改造范围内应尽量符合现行规范要求。在图1中，被改造宿舍的首层增加给水加压泵房，其上层及旁边均是宿舍，会产生噪声污染，不满足规范要求。

	第四章 改造项目时要关注的问题　　第二节 消防安全
问题描述	**问题1　局部改造区域未设置室内消火栓** 本次装修面积为672m²，由商业功能改为教育培训功能。建筑总面积为2980m²，共3层，建筑高度为10m。装修区域仅设置灭火器保护，如图1所示。 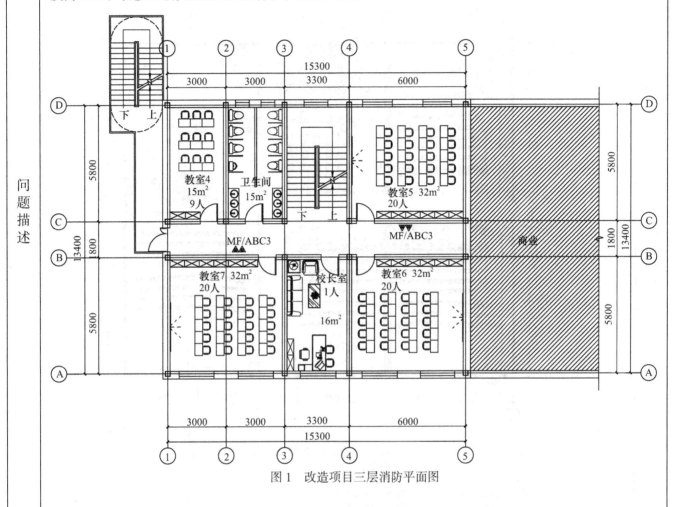 图1　改造项目三层消防平面图
相关标准	**《建筑设计防火规范》** 8.2.1　下列建筑或场所应设置室内消火栓系统： 3　体积大于5000m³的车站、码头、机场的候车（船、机）建筑、展览建筑、商店建筑、旅馆建筑、医疗建筑、老年人照料设施和图书馆建筑等单、多层建筑。 8.2.4　人员密集的公共建筑、建筑高度大于100m的建筑和建筑面积大于200m²的商业服务网点内应设置消防软管卷盘或轻便消防水龙。高层住宅建筑的户内宜配置轻便消防水龙。 老年人照料设施内应设置与室内供水系统直接连接的消防软管卷盘，消防软管卷盘的设置间距不应大于30.0m。
问题解析	多层商业楼局部装修改造，虽装修部分面积仅为672m²，但其所在的建筑总体积大于5000m³，应设置带消防软管卷盘的消火栓保护。设计图纸应明确整体建筑的消防设施的设置情况，如已设置室内消火栓系统，但因加设隔墙，其周边非装修范围的消火栓无法利用，须在装修范围增设室内消火栓进行保护。

| | 第四章 改造项目时要关注的问题 | 第二节 消防安全 |

问题2　局部改造项目未按整体建筑情况设置自动喷水灭火系统

某单层建筑，局部影院装修改造，装修改造面积为2264.75m²，非改造范围是商店和餐饮，未设置自动喷水灭火系统，如图1所示。

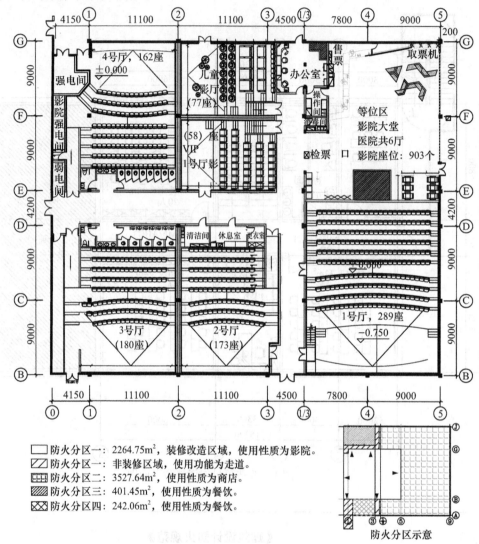

□ 防火分区一：2264.75m²，装修改造区域，使用性质为影院。
▨ 防火分区一：非装修区域，使用功能为走道。
▦ 防火分区二：3527.64m²，使用性质为商店。
▨ 防火分区三：401.45m²，使用性质为餐饮。
▨ 防火分区四：242.06m²，使用性质为餐饮。

图1　某单层建筑平面图未设置自动喷水灭火系统

《建筑设计防火规范》

8.3.4　除本规范另有规定和不适用水保护或灭火的场所外，下列单、多层民用建筑或场所应设置自动灭火系统，并宜采用自动喷水灭火系统：

1　特等、甲等剧场，超过1500个座位的其他等级的剧场，超过2000个座位的会堂或礼堂，超过3000个座位的体育馆，超过5000人的体育场的室内人员休息室与器材间等；
2　任一层建筑面积大于1500m²或总建筑面积大于3000m²的展览、商店、餐饮和旅馆建筑以及医院中同样建筑规模的病房楼、门诊楼和手术部；
3　设置送回风道（管）的集中空气调节系统且总建筑面积大于3000m²的办公建筑等。

由图1可以看出，改造部分为整体建筑中的其中一个防火分区，非改造范围的功能为商店和餐饮等，总建筑面积大于3000m²，因此应设置自动喷水灭火系统。

第四章 改造项目时要关注的问题	第二节 消防安全

问题描述

问题 3　局部改造区域自动喷水灭火系统确定的火灾危险等级有误

某一类高层商业楼中，局部商铺装修改造为餐厅，装修面积为 500m²，自动喷水灭火系统按中危险级 I 级设计。

相关标准

《建筑设计防火规范》

8.3.3　除本规范另有规定和不宜用水保护或灭火的场所外，下列高层民用建筑或场所应设置自动灭火系统，并宜采用自动喷水灭火系统：

1　一类高层公共建筑（除游泳池、溜冰场外）及其地下、半地下室。

《自动喷水灭火系统设计规范》

3.0.2　设置场所的火灾危险等级，应根据其用途、容纳物品的火灾荷载及室内空间条件等因素，在分析火灾特点和热气流驱动洒水喷头开放及喷水到位的难易程度后确定，设置场所应按本规范附录 A 进行分类。

附录 A　设置场所火灾危险等级分类

表 A　设置场所火灾危险等级分类（局部）

火灾危险等级		设置场所分类
轻危险级		住宅建筑、幼儿园、老年人建筑、建筑高度为24m及以下的旅馆、办公楼；仅在走道设置闭式系统的建筑等
中危险级	I 级	1）高层民用建筑：旅馆、办公楼、综合楼、邮政楼、金融电信楼、指挥调度楼、广播电视楼（塔）等； 2）公共建筑（含单多高层）：医院、疗养院；图书馆（书库除外）、档案馆、展览馆（厅）；影剧院、音乐厅和礼堂（舞台除外）及其他娱乐场所；火车站、机场和码头的建筑；总建筑面积小于5000m²的商场、总建筑面积小于1000m²的地下商场等； 3）文化遗产建筑：木结构古建筑、国家文物保护单位等； 4）工业建筑：食品、家用电器、玻璃制品等工厂的备料与生产车间等；冷藏库、钢屋架等建筑构件
	II 级	1）民用建筑：书库、舞台（葡萄架除外）、汽车停车场（库）、总建筑面积5000m²及以上的商场、总建筑面积1000m²及以上的地下商场、净空高度不超过8m、物品高度不超过3.5m的超级市场等； 2）工业建筑：棉毛麻丝及化纤的纺织、织物及制品、木材木器及胶合板、谷物加工、烟草及制品、饮用酒（啤酒除外）、皮革及制品、造纸及纸制品、制药等工厂的备料与生产车间等

问题解析

建筑整体商业面积大于5000m²，自动喷水灭火系统应按中危险级 II 级（喷水强度、喷头间距等）设计，其中的商铺改为餐厅，仍为商场的功能场所，也应按中危 II 级设计。另外，自动喷水灭火系统的设置部位应考虑装修区域所在的整体建筑的建筑类型，属于一类高层建筑，公共卫生间应设喷淋。

	第四章 改造项目时要关注的问题	第二节 消防安全
问题描述	**问题4　改造项目消防系统稳压设备应关注的问题** 丁戊类厂房改造为丙类厂房（药品包装厂），建筑高度为14m，共2层，建筑面积约为6000m²，仅设置稳压泵为室内消火栓、自动喷水灭火系统稳压。	

相关标准

《消防给水及消火栓系统技术规范》

6.1.9　室内采用临时高压消防给水系统时，高位消防水箱的设置应符合下列规定：

1　高层民用建筑、总建筑面积大于10000m²且层数超过2层的公共建筑和其他重要建筑，必须设置高位消防水箱；

2　其他建筑应设置高位消防水箱，但当设置高位消防水箱确有困难，且采用安全可靠的消防给水形式时，可不设高位消防水箱，但应设稳压泵。

6.1.10　当室内临时高压消防给水系统仅采用稳压泵稳压，且为室外消火栓设计流量大于20L/s的建筑和建筑高度大于54m的住宅时，消防水泵的供电或备用动力应符合下列要求：

1　消防水泵应按一级负荷要求供电，当不能满足一级负荷要求供电时应采用柴油发电机组作备用动力；

2　工业建筑备用泵宜采用柴油机消防水泵。

《建筑设计防火规范》

10.1.1　下列建筑物的消防用电应按一级负荷供电：

1　建筑高度大于50m的乙、丙类厂房和丙类仓库；

2　一类高层民用建筑。

《自动喷水灭火系统设计规范》

10.3.3　采用临时高压给水系统的自动喷水灭火系统，当按现行国家标准《消防给水及消火栓系统技术规范》GB 50974的规定可不设置高位消防水箱时，系统应设气压供水设备。气压供水设备的有效水容积，应按系统最不利处4只喷头在最低工作压力下的5min用水量确定。干式系统、预作用系统设置的气压供水设备，应同时满足配水管道的充水要求。

问题解析

《消防给水及消火栓系统技术规范》第6.1.9条规定的其他重要建筑为：重大人员伤亡、重大财产损失、严重社会影响的公共建筑，如商场、影剧院、医院、旅馆、教学楼等，本项目不属于这类建筑，改造项目如加设高位消防水箱有困难，可不设高位消防水箱，而设稳压泵稳压，但应满足第6.1.10条规定。根据《消防给水及消火栓系统技术规范》表3.3.2的内容要求，丙类厂房建筑体积约为42000m³，室外消火栓设计流量为30L/s，则消防水泵应满足一级负荷要求供电的要求，或宜采用柴油机消防水泵作为备用泵。

设计时，给水排水专业的设计人员向电气专业的设计人员提资的内容应包括采用一级负荷消防供电，或宜采用柴油机消防水泵作为备用泵。"宜"表示允许稍有选择，在条件许可时首先应这样做的。

自动喷水灭火系统仅采用稳压泵稳压，不符合《自动喷水灭火系统设计规范》第10.3.3.条规定，应设气压供水设备。湿式系统气压供水设备的有效容积应按系统最不利处4只喷头在最低工作压力下的5min用水量确定。

	第四章 改造项目时要关注的问题 第二节 消防安全

问题 5　消火栓布置位置应注意的问题

问题描述：某大型商业建筑的业态发生了改变，建筑空间被划分为一块块餐饮店、服装配饰店等小店铺，建筑公共区域未设置消火栓，消火栓仅设置在这些分块的小店铺、餐饮内，如图1所示。

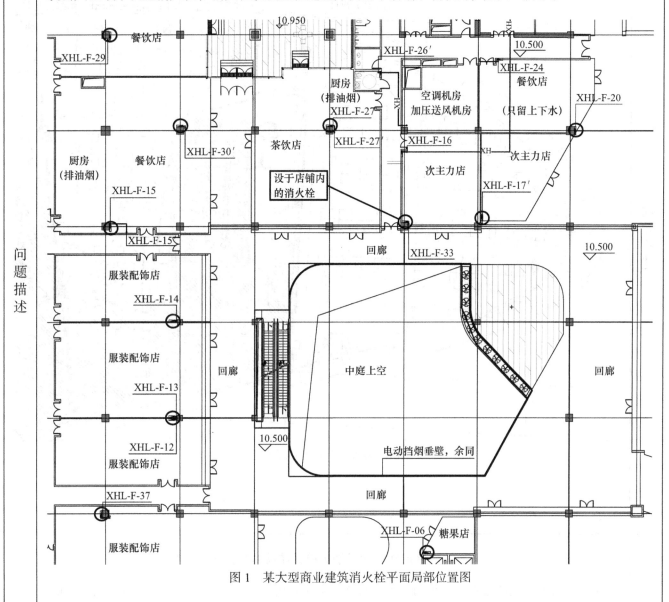

图1　某大型商业建筑消火栓平面局部位置图

相关标准

《消防给水及消火栓系统技术规范》

7.4.7　建筑室内消火栓的设置位置应满足火灾扑救要求，并应符合下列规定：
　　1　室内消火栓应设置在楼梯间及其休息平台和前室、走道等明显易于取用，以及便于火灾扑救的位置。

问题解析

消火栓首先应设置在公共通道等明显易于取用的区域，尽量满足2支消防水枪的2股充实水柱能同时到达室内任何部位，再在保护不到的店铺内增设消火栓。

	问题 6 消火栓保护范围不足 消火栓布置不满足设备机房 2 支消防水枪的 2 股充实水柱同时到达,如图 1 所示。
问题描述	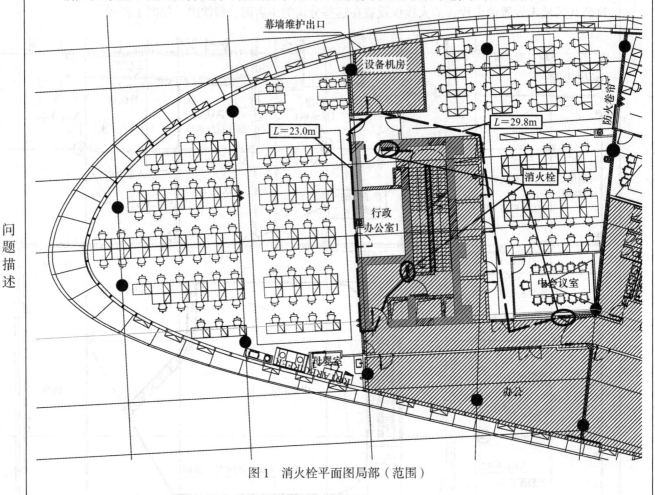 图 1 消火栓平面图局部(范围)
相关标准	**《消防给水及消火栓系统技术规范》** 7.4.6 室内消火栓的布置应满足同一平面有 2 支消防水枪的 2 股充实水柱同时达到任何部位的要求,但建筑高度小于或等于 24.0m 且体积小于或等于 5000m³ 的多层仓库、建筑高度小于或等于 54m 且每单元设置一部疏散楼梯的住宅,以及本规范表 3.5.2 中规定可采用 1 支消防水枪的场所,可采用 1 支消防水枪的 1 股充实水柱到达室内任何部位。
问题解析	设备机房虽不在改造范围,但其开门均开向改造范围,改造范围内的消防设施应能保护到这些房间,因此,消火栓布置应满足其保护要求。

| 第四章 改造项目时要关注的问题 | 第二节 消防安全 |

问题 7　移位消火栓未见其连接管道

某建筑改造图，消火栓移位时，未见消火栓连接管道及连接管道的管径、标高，如图 1 所示。

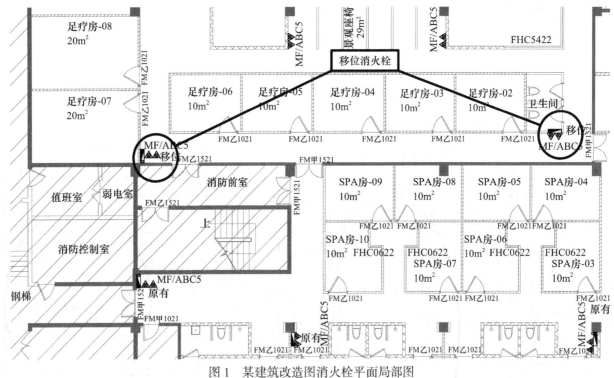

图 1　某建筑改造图消火栓平面局部图

图 1 中应注明原有消火栓箱、移位消火栓箱，移位消火栓应标明连接管道及其管径、标高。

问题 8　局部房间缺少自动喷水灭火系统连接管道

某高层建筑自动喷水灭火系统管道未见接至非装修区域的楼梯间前室、消防电梯前室的配水管道，如图1所示。

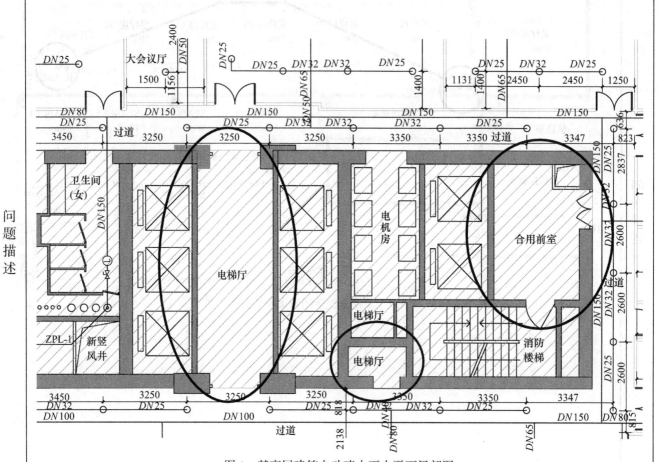

图 1　某高层建筑自动喷水灭火平面局部图

高层建筑的消防电梯前室、楼梯间前室应设置自动喷水灭火系统的喷头，虽不在本次改造范围，但其接喷头的配水管只能从改造范围的自动喷水灭火系统的管道连接，因此应在设计图中表达要接的管道，且管径应按其喷头的数量考虑。

	第五章　图纸深度及表达的问题	第一节　深度问题
问题描述	**问题 1　设计文件不全** 提供的设计文件不全，缺以下文件： 1. 室外消防总平面图。 2. 消防水泵房、给水泵房、生活热水机房等局部放大图。	
相关标准	《建筑工程设计文件编制深度规定》（2016 年版）	
问题解析	建筑工程施工图设计文件的技术审查中，建筑给水排水专业设计文件应提供图纸目录、施工图设计说明、设计图纸、设备及主要材料表。设计图纸包括室外消防总平面图、各层给水排水消防平面图、给水排水消防系统图、给水排水消防各机房局部放大图等。 　　对于给水排水设备用房及管道较多处，如水泵房、水池、水箱间、热交换器站、卫生间、水处理间、游泳池、水景、冷却塔、冷却循环水泵房、热泵热水、太阳能热水、雨水利用设备间、报警阀组、管井、气体消防贮瓶间等，当平面图不能交代清楚时，应绘出局部放大平面图。 　　如需要绿色建筑评价的建筑还应提供相关绿色建筑评价专篇、图纸等。 　　要求雨水控制与利用的项目，还应提供相关室外雨水总平面图。 　　计算书由设计单位存档，根据各地方要求提供。	

	第五章 图纸深度及表达的问题	第一节 深度问题
问题描述	**问题2 图纸中未使用现行、有效的规范和标准** 在设计说明中，使用的工程建设标准和设计中引用的其他标准不是现行、有效的版本。	
相关标准	《建筑工程设计文件编制深度规定》（2016年版）	
问题解析	设计说明中应明确本专业设计所执行的主要法规和所使用的主要规范、标准（包括标准的名称、编号、年号和版本号），规范、标准应为现行、有效的规范、标准版本。	

	第五章 图纸深度及表达的问题	第一节 深度问题
问题描述	**问题 3：工程概况内容不完全** 在设计说明中，工程概况内容不完全，可能缺少以下内容： 1. 项目位置。 2. 建筑功能组成、建筑面积及体积、建筑层数、建筑高度。 3. 民用建筑的建筑分类和耐火等级，工业建筑的火灾危险性，是否存在有毒有害场所（实验室、工业厂房等）。 4. 建筑规模的主要技术指标： 例如：旅馆、幼儿园、养老院、学生住宿、住院部的床位数； 　　　剧院、体育馆等的座位数； 　　　医院的门诊人次和住院部的床位数； 　　　仓库储物形式、储物高度、库房净高等。	
相关标准	《建筑工程设计文件编制深度规定》（2016 年版）	
问题解析	说明中的工程概况补充了设计图纸中无法完全表达的内容，是给水排水消防各系统中需要设置什么系统、系统规模设置参数的依据。 　　例如项目位置，是确定雨水暴雨强度、节能保温措施的依据，是否在湿陷性黄土区、是否存在盐雾问题、海拔高度带来的影响等均应被关注，并应按当地规范和标准的要求设计。工业建筑的火灾危险性、民用建筑的建筑分类和耐火等级、建筑功能组成、建筑面积及体积、建筑层数、建筑高度以及能反映建筑规模的主要技术指标（如旅馆的床位数，剧院、体育馆等的座位数，医院的门诊人次和住院部的床位数等）是消防设计的重要依据，设置消防系统的种类及其设计参数的确定等都需要这些技术指标。一些实验室、工业厂房、库区、化工车间等建筑项目是否存在有毒有害场所，这些场所给水的防污染措施、污水排放回收处理的问题如何解决均应相应考虑。	

	第五章 图纸深度及表达的问题	第一节 深度问题
问题描述	**问题4 缺少设计范围描述** 在设计说明中，缺少设计范围的描述。	
相关标准	《建筑工程设计文件编制深度规定》（2016年版）	
问题解析	设计范围包括： 1. 用地红线（或建筑红线）内本专业的设计内容。 2. 需要专项（二次）设计的如二次装修、环保、消防及其他工艺设计的分工界面和相关联的设计内容，如厨房工艺、洗衣房工艺、太阳能集热系统、中水处理工艺、锅炉房水处理、屋面虹吸雨水、管网式气体灭火系统、人工水景水处理等，应对二次深化设计的系统提出设计要求。 3. 当采用装配式时，明确给水排水专业的管道、管件及附件等在预制构件中的敷设方式和处理原则；明确预制构件中预留孔洞、沟槽、预埋管线等布置的设计原则。	

	第五章 图纸深度及表达的问题	第一节 深度问题
问题描述	**问题 5 缺少可利用的市政条件、外部水源条件说明** 在设计说明中，缺少可利用的市政条件、外部水源条件说明。	
相关标准	《建筑工程设计文件编制深度规定》（2016 年版）	
问题解析	建设小区可利用的市政给水水源或自备水源的情况；自备水源水质、中水水质情况；由市政或小区管网供水时，应说明供水干管的方位、引入管（接管）管径及根数、能提供的水压；利用城市热力或区域锅炉房、热力站等热媒作为生活热水热源、泳池加热等热源时，应说明热媒温度、压力及供热条件等。 　　这些条件是给水排水、消防设计的依据，如给水系统是否要加压供水，如何充分利用市政水压，消防水池是否要贮存室外用水，消防水池最低标高的确定等，均与这些外部条件密切相关。	

	第五章 图纸深度及表达的问题　　　　　　　　第一节 深度问题

问题描述	**问题6　给水排水专业各系统简介缺少关键设计参数** 设计说明中给水排水专业各系统简介缺少关键设计参数，如缺少屋面、下沉庭院、小区的雨水设计重现期、屋面溢流设施的校核、消防系统的设计参数、消防各系统用水量及消防总用水量、系统运行控制方法等。
相关标准	《建筑工程设计文件编制深度规定》（2016年版）
问题解析	有的设计参数在设计图纸上可能不被完全表达，而有些关键的设计参数涉及安全及公众利益。例如：暴雨强度公式及雨水设计重现期，校核包括屋面溢流设施在内的总排水能力是否满足结构荷载要求，与建筑连通下沉庭院的排水是否能防止设计重现期内雨水倒灌至室内；室内外消火栓消防设计流量、火灾延续时间；自动喷水灭火系统包括水幕系统、防护冷却系统，水喷雾灭火系统等的危险等级、喷水强度、消防用水量、火灾延续时间；大空间灭火装置、固定消防炮系统消防用水量及火灾延续时间；灭火器配置、气体灭火系统的灭火剂、危险等级、设计参数等；消防水源、消防供水保障方式及有关设计参数。

	第五章 图纸深度及表达的问题	第一节 深度问题
问题描述	**问题7 缺少设备选型，缺少卫生、安全保障相关的要求** 设计说明中缺少设备选型，缺少卫生、安全保障相关的要求，如缺少二次供水设备中涉水产品的要求，缺少卫生器具及附件、地漏的选型要求等。	
相关标准	《建筑工程设计文件编制深度规定》（2016年版）	
问题解析	这些内容在图纸上可能不被完全表达，应在设计说明中或相关图中注明。例如：集中生活热水系统的供回水温度及循环水泵的启停控制，影响到生活热水水质的控制；太阳能生活热水系统防冻、防过热措施，涉及安全的问题；再生水管道防误饮、误用、误接的措施，也是水质安全的问题；室内消火栓的配置，是否带有消防软管卷盘，可以采用标准图集；自动喷水系统包括水幕系统，防护冷却系统，水喷雾灭火系统等喷头的选型、喷头溅水盘与顶板的距离；大空间灭火装置、固定消防炮的每个灭火装置的额定流量和工作压力等。 总之，说明中应明确各系统工作压力，管材管件，产品要求，卫生、安全保障措施，保温、防冻措施，水泵房、冷却塔减振防噪措施，机电的抗震设计要求及管道、设备的试压和冲洗等施工安装要求，这些内容均涉及安全及公众利益，都要重视。	

问题 1 设置集中消防加压泵站时，各楼的消防系统应注意的问题

某超高层建筑群，各建筑共用地下室的集中消防加压泵站，A 栋、B 栋建筑消火栓系统原理图摘选中区部分，如图 1、图 2 所示。

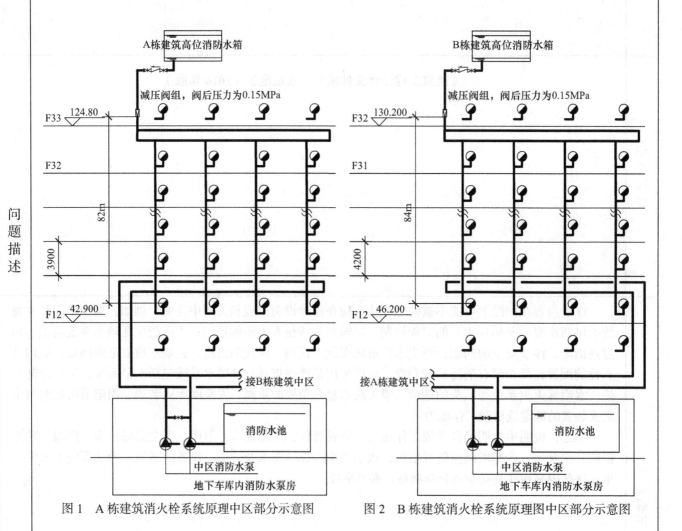

图 1 A 栋建筑消火栓系统原理中区部分示意图　　图 2 B 栋建筑消火栓系统原理图中区部分示意图

分别看图1、图2都是正确的,但将图1和图2组合在一起成为图3,我们可以发现A栋建筑F12的消火栓栓口压力静压超过1.0MPa,应调整到低区。

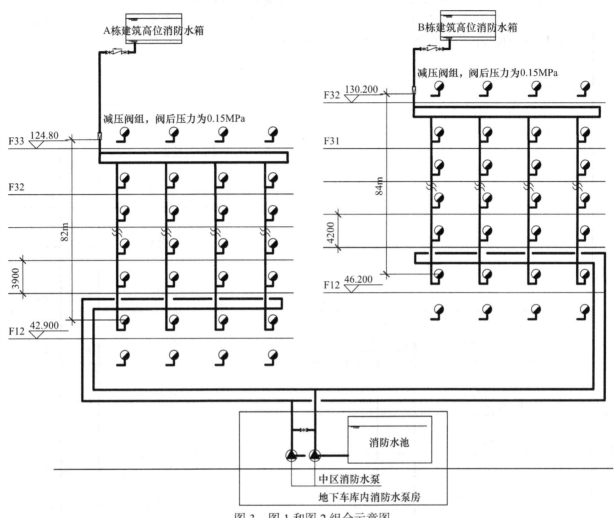

图3 图1和图2组合示意图

当小区或建筑群,给水、中水、热水、消防系统采用集中加压泵站,应绘制总系统原理图,反映各栋建筑的相对标高关系、竖向分区情况。将不同子项,地上、地下单体分别绘制,否则易遗漏系统性问题,因此在方案阶段就应绘制总系统原理图。

问题解析

第五章　图纸深度及表达的问题　　　第二节　图纸表达

问题 2　设置集中给水泵站时，各楼的给水系统应注意的问题

某住宅小区各楼层高度不同，共用一套给水加压泵组，给水泵房设于地下车库，其中层数为 9 层、层数为 13 层楼栋的给水系统原理图如图 1、图 2 所示。

问题描述

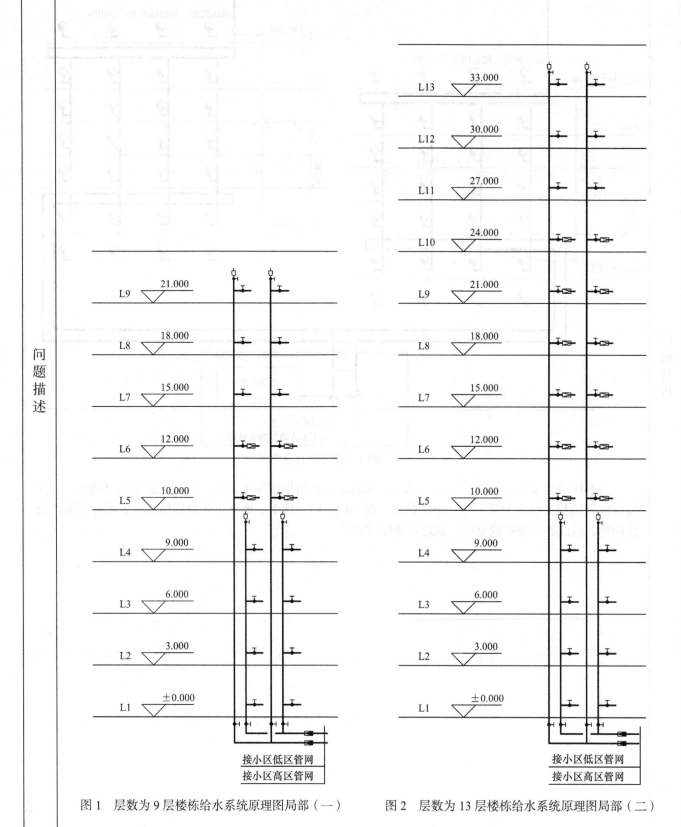

图 1　层数为 9 层楼栋给水系统原理图局部（一）　　　图 2　层数为 13 层楼栋给水系统原理图局部（二）

层数为 9 层楼栋的五、六层设有支管减压阀，层数为 13 层楼栋中五至十层设有支管减压阀，均未标注给水的入口压力，表面看起来都是正确的，但它们共用一套给水加压泵组，正负零绝对标高相同，与泵房距离基本相同，我们可以发现层数为 9 层楼栋设置支管减压阀的楼层存在问题。小区给水系统原理组合示意图如图 3 才是正确的。

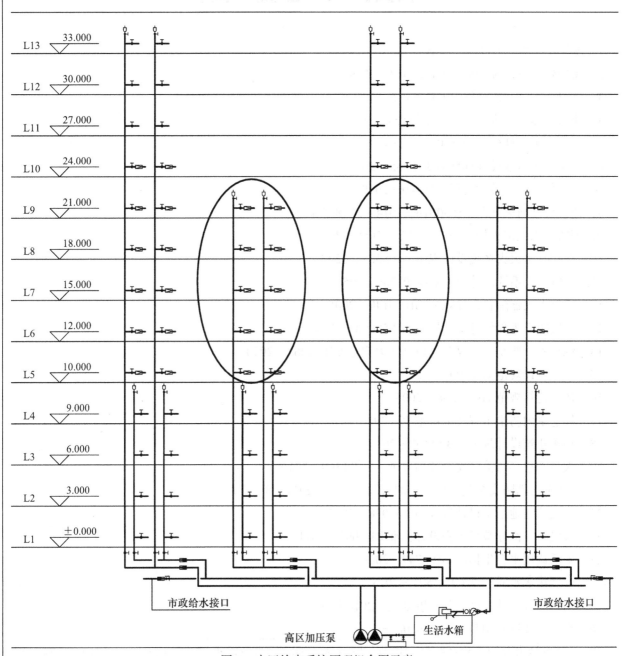

图 3　小区给水系统原理组合图示意

当小区或建筑群，给水、中水、热水、消防系统采用集中加压泵站，应绘制总系统原理图，反映各栋建筑的相对标高关系、竖向分区情况。不同子项，地上、地下单体分别绘制，易遗漏系统性问题，因此在方案阶段就应绘制总系统原理图。施工图阶段各楼的入口压力应水力计算，并在图中表达。

相关标准、图集、文件

1. 城镇给水排水技术规范 GB 50788—2012
2. 民用建筑设计统一标准 GB 50352—2019
3. 建筑给水排水设计标准 GB 50015—2019
4. 建筑屋面雨水排水系统技术规程 CJJ 142—2014
5. 建筑中水设计标准 GB 50336—2018
6. 民用建筑节水设计标准 GB 50555—2010
7. 二次供水工程技术规程 CJJ 140—2010
8. 建筑设计防火规范 GB 50016—2014（2018 年版）
9. 消防给水及消火栓系统技术规范 GB 50974—2014
10. 自动喷水灭火系统设计规范 GB 50084—2017
11. 气体灭火系统设计规范 GB 50370—2005
12. 建筑灭火器配置设计规范 GB 50140—2005
13. 人民防空工程设计防火规范 GB 50098—2009
14. 汽车库、修车库、停车场设计防火规范 GB 50067—2014
15. 住宅设计规范 GB 50096—2011
16. 住宅建筑规范 GB 50368—2005
17. 住宅室内防水工程技术规范 JGJ 298—2013
18. 物流建筑设计规范 GB 51157—2016
19. 人员密集场所消防安全评估导则 XF/T 1369—2016
20. 《汗蒸房消防安全整治要求》的通知（公消〔2017〕83 号）
21. 人民防空地下室设计规范 GB 50038—2005
22. 人民防空医疗救护工程设计标准 RFJ 005—2011
23. 生活饮用水卫生标准 GB 5749—2006
24. 生活热水水质标准 CJ/T 521—2018
25. 建筑工程设计文件编制深度规定（2016 年版）
26. 真空破坏器选用与安装 12S108—2
27. 《消防给水及消火栓系统技术规范》图示按《消防给水及消火栓系统技术规范》GB 50974—2014 编制 15S909
28. 自动喷水灭火系统设计 19S910
29. 消防给水稳压设备选用与安装 17S205
30. 高位消防贮水箱选用及安装 16S211
31. 自动喷水灭火系统安装标准 NFPA13
32. 固定消防水泵安装标准 NFPA20